JIXIE JICHU

JIXIE JICHU

机械基础

主　　编　刘　茹
副主编　李雅洁　张丽砾
参编人员（按姓氏笔画排序）
　　　　　门晶晶　田　永　刘　茹
　　　　　张丽砾　李雅洁　贾三春

北京师范大学出版集团
BEIJING NORMAL UNIVERSITY PUBLISHING GROUP
安徽大学出版社

图书在版编目(CIP)数据

机械基础/刘茹主编. —合肥:安徽大学出版社,2018.7
ISBN 978-7-5664-1628-5

Ⅰ.①机… Ⅱ.①刘… Ⅲ.①机械学－中等专业学校－教材 Ⅳ.①TH11

中国版本图书馆 CIP 数据核字(2018)第 136089 号

机械基础

刘 茹 主编

出版发行:北京师范大学出版集团
　　　　　安 徽 大 学 出 版 社
　　　　　(安徽省合肥市肥西路 3 号 邮编 230039)
　　　　　www.bnupg.com.cn
　　　　　www.ahupress.com.cn
印　　刷:安徽省昶颉包装印务有限责任公司
经　　销:全国新华书店
开　　本:184mm×260mm
印　　张:11.75
字　　数:237 千字
版　　次:2018 年 7 月第 1 版
印　　次:2018 年 7 月第 1 次印刷
定　　价:38.00 元
ISBN 978-7-5664-1628-5

策划编辑:刘中飞　张明举　　　　　　装帧设计:李　军
责任编辑:张明举　宋　夏　　　　　　美术编辑:李　军
责任印制:赵明炎

前　言

　　培养学生的工程实践能力、提高学生的创新意识、加强动手能力是新时期职业学校教学改革实践的重要组成部分。为适应社会发展对职业教育的人才需求和职业学校教学改革的进程，本书编者在整合机械基础传统教学内容的基础上，结合多年教学改革的探索与实践，以减速器的拆装及结构认识为主线，将机械安全常识、工具量具的使用、常用机械零部件的认知、机械传动、常用机械机构等内容进行有机融合，使教学内容更加精练和系统。

　　本教材内容共有5个项目：项目1入门知识，项目2减速器的构造及拆装，项目3认识零部件，项目4机械传动，项目5常用机构。各项目主要内容及学时安排建议如下表所示。

项目	主要内容	建议学时
项目1　入门知识	安全培训，工具、量具的使用	4
项目2　减速器的构造及拆装	认识减速器、拆装减速器	8
项目3　认识零部件	齿轮、轴系零件、连接件、箱体	20
项目4　机械传动	齿轮传动、带传动、链传动	18
项目5　常用机构	铰链四杆机构、凸轮机构	12
合　计		62

　　本教材的主要特点：(1)立足改革，调整知识能力结构。将理论与实践知识进行集中、融合，使学生在对减速器认识了解的过程中获得专业所必需的机械基础知识。(2)力求内容精练。编写过程中本着深入浅出、够用即可的原则，精选内容，减少学时，降低重心。(3)重视动手能力的锻炼。从减速器的拆装训练和结构认知入手，让学生在动手拆装过程中逐渐对各类零部件的结构、作用和相关知识建立感性认识，变被动接受为主动了解。(4)图文并茂，通俗易懂。本书选用大量的立体图片，代替繁杂的平面剖视

图,使复杂的结构变得简单易懂。本教材可供职业类学校机电类专业及工程技术类专业学习使用。

本教材由刘茹担任主编,李雅洁、张丽砾担任副主编,参加编写的还有田永、贾三春、门晶晶等。全书共有 5 个项目,其中项目 1 由刘茹编写,项目 2 由田永编写,项目 3 由张丽砾、贾三春编写,项目 4 由门晶晶编写,项目 5 由李雅洁编写。

由于编者水平有限,不足之处在所难免,敬请广大读者斧正!

编　者
2018 年 1 月

目 录

项目 1　入门知识

任务 1　安全培训

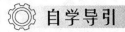

一、学习指南

1. 课题名称

安全培训。

2. 达成目标

(1)了解机械安全常识。

(2)了解机械伤害事故。

(3)了解劳动防护用品的使用。

(4)了解机械伤害急救常识。

(5)了解安全防护措施。

3. 学习方法建议

以网页学习、自主学习为主。

二、学习任务

在机械制造企业中,安全生产非常重要。同学们除了在将来的工作中要接受厂级、车间级、班组级等各级安全培训外,在学校的专业知识学习中,也要充分认识到安全生产的重要意义。在本任务中,将学习机械基础相关的各种安全操作规程。

三、困惑与建议

_____

_____

_____。

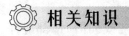 相关知识

机械制造业中的安全主要指人身安全和设备安全,本任务旨在预防生产时发

生意外事故,消除各类事故隐患。企业人员必须严格遵守安全技术操作规程和各项安全生产制度。

机械设备操作规程内容一般包括作业环境要求,对设备状态的要求,对人员状态的要求,对操作程序、顺序、方式的要求,对人与物交互作用过程的要求,对异常排除的要求等。

一、安全要求

(一)机械设备的安全要求

(1)合理布局,便于安装、检查、维修。

(2)机械设备零部件的强度、刚度的安全要求。

(3)安装必要的安全装置。

(4)机械设备的电气装置的安全要求。

(5)操作手柄以及脚踏开关的要求。

(6)环境和操作要求。

(二)操作人员的安全要求

(1)在接通电源,开动设备之前应清理好现场,仔细检查各种手柄位置是否正确、灵活,安全装置是否齐全、可靠。

(2)开动设备前应首先检查油池、油箱中的油量是否充足,油路是否畅通,并按润滑图、表、卡片进行润滑工作。

(3)变速时,各变速手柄必须转换到指定位置。

(4)工件必须装夹牢固,以免松动甩出,造成事故。

(5)已夹紧的工件,不得再进行敲打校正,以免影响设备精度。

(6)要经常保持润滑工具及润滑系统的清洁,不得敞开油箱、油眼盖,以免灰尘、铁屑等异物进入。

(7)开动设备时必须盖好电箱,不允许有污物、水、油进入电动机或电气装置内。

(8)当设备基准面外露且需移动堆放的工具、产品等时,应避免碰伤设备影响精度。

(9)严禁超性能、超负荷使用设备。

(10)在采取自动控制时,首先要调整好限位装置,以免超越行程造成事故。

(11)设备运转时不得离开工作岗位,并应经常注意各部位有无异常(异音、异味、发热、振动等),发现故障时应立即停止操作,及时排除。凡属操作者不能排除的故障,应及时通知维修人员排除。

(12)操作者离开设备,装卸工件,或对设备进行调整、清洗或润滑时,都应停机并切断电源。

(13)不得拆除设备上的安全防护装置。

(14)调整或维修设备时,要正确使用拆卸工具,严禁乱敲乱拆。

(15)操作人员要思想集中,穿戴要符合安全要求,站立位置要安全。

(16)注意特殊危险场所的安全保护。

二、安全防护措施

安全防护是通过采用安全装置、防护装置或其他手段,对一些机械危险进行预防的安全技术措施,其目的是防止机器在运行时产生各种对人员的接触伤害。防护装置和安全装置有时统称为安全防护装置。安全防护的重点是机械的传动部分、操作区、高处作业区、机械的其他运动部分、移动机械的移动区域,以及某些机器由于特殊危险形式需要采取的特殊防护等。采用何种手段防护,应根据对具体机器进行风险评价的结果来决定。

 知识拓展

一、机械事故造成的伤害

机械事故造成的伤害主要有以下几种:

(1)机械设备零、部件做旋转运动时造成的伤害。旋转运动造成人员伤害的主要形式是绞伤和物体打击伤。

(2)机械设备零、部件做直线运动时造成的伤害。做直线运动的零、部件造成的伤害事故主要有压伤、砸伤和挤伤。

(3)刀具造成的伤害。刀具在加工零件时造成的伤害主要有烫伤、刺伤和割伤。

(4)被加工的零件造成的伤害。这类伤害事故主要有:①被加工零件固定不牢被甩出而打伤人,②被加工的零件在吊运和装卸过程中,可能造成砸伤。

(5)电气系统造成的伤害。电气系统对人的伤害主要是电击。

(6)手用工具造成的伤害。

(7)其他伤害。机械设备除去能造成上述各种伤害外,还可能造成其他一些伤害。例如有的机械设备在使用时伴随着强光、高温,还有的放出化学能、辐射能,以及尘毒危害物质等等。

二、劳动防护用品的种类及使用要求

(一)劳动防护用品的种类

①头部防护用品。②呼吸器官防护用品。③眼面部防护用品。④听觉器官防护用品。⑤手部防护用品。⑥足部防护用品。⑦躯干防护用品。⑧护肤用品。⑨防坠落用品。

（二)使用劳动防护用品的一般要求

（1）劳动防护用品使用前应首先做一次外观检查。检查的目的是认定用品对有害因素防护效能的程度，用品外观有无缺陷或损坏，各部件组装是否严密，启动是否灵活等。

（2）劳动防护用品的使用必须在其性能范围内，不得超极限使用；不得使用未经国家指定、未经监测部门认可（国家标准）或检测不达标的产品；不能随便代替，更不能以次充好。

（3）严格按照使用说明书正确使用劳动防护用品。

三、机械伤害急救常识

机械伤害急救基本要点有：

（1）发生机械伤害事故后，现场人员不害怕不慌乱，保持冷静，迅速对受伤人员进行检查。

（2）迅速拨打急救电话，向医疗救护单位求援。

（3）遵循"先救命、后救肢"的原则，优先处理颅脑伤、胸伤、肝、脾破裂等危及生命的内脏伤，然后处理肢体出血、骨折等伤。

（4）检查伤者呼吸道是否被舌头、分泌物或其他异物堵塞。

（5）如果呼吸已经停止，应立即实施人工呼吸。

（6）如果脉搏不存在，心脏停止跳动，应立即进行心肺复苏。

（7）如果伤者出血，应进行必要的止血及包扎。

（8）大多数伤员可以毫无顾忌地抬送医院，但对于颈部背部严重受损者要慎重，以防止其进一步受伤。

（9）让患者平卧并保持安静，如有呕吐，同时无颈部骨折时，应将其头部侧向一边以防止噎塞。

（10）动作轻缓地检查患者，必要时剪开其衣服，避免因突然挪动而增加患者疼痛。

（11）救护人员既要安慰患者，自己也应尽量保持镇静，以消除患者的恐惧。

（12）不要给昏迷或半昏迷者喝水，以防液体进入呼吸道而导致窒息，也不要用拍击或摇动的方式试图唤醒昏迷者。

四、安全色与安全标志

安全色有蓝、绿、红、黄四种。蓝色的是指令标志，表示指令、必须遵守的意思；绿色的是提示标志，表示通行、安全和提供信息的意思；红色的是禁止标志，表示禁止、停止的意思；黄色的是警告标志，表示注意、警告的意思。图1-1-1从上到下依次为蓝、绿、红、黄色安全标志。

必须穿防护服　　　必须穿防护鞋　　　必须穿救生衣　　　必须戴安全帽

紧急出口　　　　　避险处　　　　　　可动火区　　　　　紧急出口

禁止乘人　　　　　禁止触摸　　　　　禁止穿带钉鞋　　　禁止穿化纤服装

当心中毒　　　　　当心坑洞　　　　　当心火灾　　　　　当心腐蚀

图 1-1-1　安全标志

课后练习

1. 说一说机械事故产生的原因。
2. 安全防护的目的是什么？

任务 2　工具、量具

自学导引

一、学习指南

1. 课题名称

常用工具和量具。

2.达成目标

(1)了解常用拆装工具和量具的类型。

(2)掌握常用拆装工具和量具的选用、使用方法及注意事项。

3.学习方法建议

分组学习,互相讨论,互问互考。

二、学习任务

本任务将以减速器的拆装为切入口,进行各种机械常识的讲解。在此过程中会用到一些常用的手工工具、量具,如扳手、卡尺等。读者应了解它们的结构特点和使用方法。

三、困惑与建议

_____

_____

_____。

 相关知识

一、常用工具

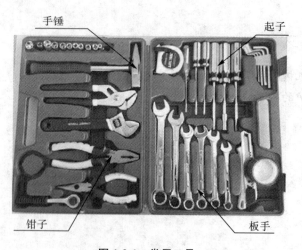

图 1-2-1　常用工具

(一)手锤

手锤俗称榔头,是维修工必不可少的工具。校直、錾削、维修和装卸零件等操作中都要用到手锤。手锤的种类很多,一般分为硬头手锤和软头手锤两种。硬头手锤的锤头用碳素工具钢 T7 制成。软头手锤的锤头用铅、铜、硬木、牛皮或橡皮制成,多用于装配和矫正工作。手锤的规格以锤头的重量来表示,有 0.25 kg、0.50 kg

和 1.00 kg 等。

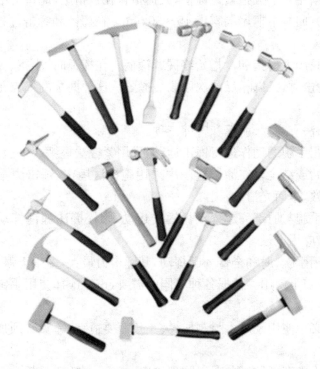

图 1-2-2　手锤

1.手锤的组成

手锤由锤头、锤柄和楔子(斜楔铁)组成。

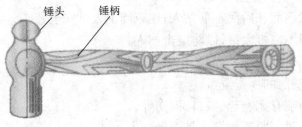

图 1-2-3　手锤的组成

2.手锤的操作方法

(1)使用手锤一般是右手握锤,手锤的握法分紧握法和松握法两种。

不正确　　　正确　　　手挥(手腕挥)　　肘挥(小臂挥)　　臂挥(大臂挥)

图 1-2-4　手锤的操作方法

①紧握法指用右手五指紧握锤柄,大拇指合在食指上,虎口对准锤头方向(木柄椭圆的长轴方向),木柄尾端露出 15～30 mm。在挥锤和锤击过程中,五指始终紧握。

②松握法只用大拇指和食指始终握紧锤柄。在挥锤时,小指、无名指、中指则依次放松;在锤击时,又以相反的次序收拢握紧。这种握法的优点是手不易疲劳,且锤击力大。

(2)挥锤方法有腕挥、肘挥和臂挥三种。

①腕挥仅用手腕的动作进行锤击运动,采用紧握法握锤。一般用于錾削余量较小或錾削开始或结尾。在油槽錾削中采用腕挥法锤击,锤击力量均匀,使錾出的油槽深浅一致,槽面光滑。

②肘挥是手腕与肘部一起挥动做锤击运动,因松握法握锤挥动幅度较大,故锤击力也较大,应用也最多。

③臂挥是用手腕、肘和全臂一起挥动,其锤击力最大,多用于强力錾切。

(3)手锤的安全使用。根据各种不同的需要,正确选择使用手锤,手锤安全使用规定如下:

①手锤柄必须使用硬质木材制成,大小长短要适宜,锤头必须加铁楔,以免工作时甩掉锤头。

②手锤柄不准有裂纹、倒刺,以防裂纹夹、扎手,或锤柄折断。

③两个人锤击时站立位置要错开方向,扶钳、打锤要稳,落锤要准,动作要协调,以免击伤对方。

④手锤头、手柄及手上应无油污,以防打滑。

⑤打大锤时前面和后面不准站人,注意周围人员安全。

⑥在劳累时不应打大锤,以防空击伤人。

⑦使用手锤时不准戴手套,防止手柄滑脱。

(4)使用手锤前的检查重点。

①手锤的前端有无卷起、缺口、损伤等。

②确认防止手柄脱落的模块是否已嵌入。

③手柄有无松动、裂纹以及油污。

④手柄是否为带有木纹的坚实材质。

(5)操作手锤时的注意事项。

①应以未沾油污的手握住手柄。

②必须戴护目镜。

③使用金属垫板或垫棒时,要进行同手锤相同的检查。

④操作过程中应留意四周,并确认无物体突然飞起的危险。

⑤原则上不能直接锤打淬火后的材料,必须进行此操作时可使用铜锤、木锤或塑料锤。

⑥协同作业时,不得站立于手锤的前、后方,并且双方要默契配合,严禁进入

手锤的作业范围内。

(二)扳手

扳手是利用杠杆原理拧转螺栓、螺钉、螺母和其他螺纹紧固件的手工工具。扳手通常在柄部的一端或两端制有夹持螺栓或螺母的开口或套孔。使用时沿螺纹旋转方向在柄部施加外力,就能拧转螺栓或螺母。

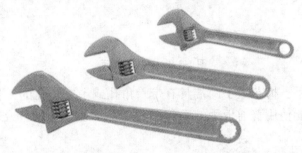

图 1-2-5　扳手

1. 扳手的种类

扳手基本分为两种,死扳手和活扳手。死扳手指的是印有固定数字的扳手,而活动扳手无印数字。

图 1-2-6　死扳手和活扳手

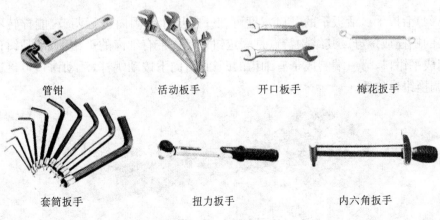

管钳　　　　　活动板手　　　　开口板手　　　　梅花扳手

套筒扳手　　　　　　扭力扳手　　　　　　内六角扳手

图 1-2-7　各类扳手

9

（1）呆扳手。呆扳手的一端或两端制有固定尺寸的开口，用以拧转一定尺寸的螺母或螺栓。

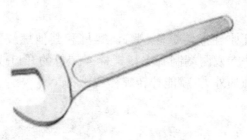

图 1-2-8　单头呆扳手

（2）梅花扳手。梅花扳手两端具有带六角孔或十二角孔的工作端，适用于工作空间狭小，不能使用普通扳手的场合，用于装拆大型六角螺钉或螺母。

图 1-2-9　梅花扳手

（3）两用扳手。两用扳手一端与单头呆扳手相同，另一端与梅花扳手相同，两端拧转相同规格的螺栓或螺母。

图 1-2-10　两用扳手

（4）活扳手。活扳手的开口宽度可在一定尺寸范围内进行调节，能拧转不同规格的螺栓或螺母。其结构特点是固定钳口制成带有细齿的平钳凹；活动钳口一端制成平钳口，另一端制成带有细齿的凹钳口；向下按动蜗杆，活动钳口可迅速取下，调换钳口位置。

图 1-2-11　活扳手

（5）钩形扳手。钩形扳手又称月牙形扳手，用于拧转厚度受限制的扁螺母等。

图 1-2-12　钩形扳手

（6）套筒扳手。套筒扳手一般被称为套筒。它是由多个带六角孔或十二角孔的套筒并配有手柄、接杆等多种附件组成，特别适用于拧转地位十分狭小或凹陷很深的螺栓或螺母。套筒有公制和英制之分，套筒虽然内凹形状一样，但外径、长短等是针对对应设备的形状和尺寸设计的，国家没有统一规定，所以套筒的设计相对来说比较灵活，符合大众的需要。套筒扳手一般都附有一套各种规格的套筒头以及摆手柄、接杆、万向接头、旋具接头、弯头手柄等，用来套入六角螺帽。套筒扳手的套筒头是一个凹六角形的圆筒，通常由碳素结构钢或合金结构钢制成，扳手头部具有规定的硬度，中间及手柄部分则具有弹性。

图 1-2-13　套筒扳手

（7）内六角扳手。内六角扳手成 L 形的六角棒状扳手，专用于拧转内六角螺钉。内六角扳手的型号是按照六方的对边尺寸来说的，螺栓的尺寸有国家标准。专供紧固或拆卸机床、车辆、机械设备上的圆螺母用。

图 1-2-14　内六角扳手

(8)扭力扳手。扭力扳手又称"扭矩扳手"。它不是紧固工具，而是用来测定螺栓、螺母是否以正确扭矩加以紧固以及检测紧固力的测量工具。它在拧转螺栓或螺母时，能显示出所施加的扭矩；或者当施加的扭矩达到规定值后，会发出光或声音信号。扭力扳手适用于对扭矩大小有明确规定的装配，它具有各种类型，下面仅介绍常用的单一功能型和预置型的手动式扭力扳手。

①单一功能型手动式扭力扳手。如图 1-2-15 所示，单一功能型手动式扭力扳手是用于紧固配管、软管等的管套及管接头的专用工具，其扭矩数值是确定的，无法手动调整。在扳手上所标示的箭头记号表示紧固方向。若沿箭头所示方向的相反方向进行紧固操作，会导致扭力扳手损坏，所以必须按照箭头指示方向进行紧固操作。

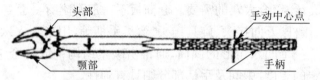

图 1-2-15　单一功能型手动式扭力扳手

②预置型手动式扭力扳手。如图 1-2-16 所示，预置型手动式扭力扳手主要用于螺栓、螺母等的紧固，不过，预置型手动式扭力扳手可根据螺栓直径及材质进行扭矩数值的调整。

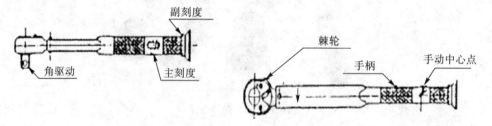

图 1-2-16　预置型手动式扭力扳手

2. 扳手的使用方法及注意事项

(1)选用各种扳手时，开口(或套筒)的规格必须同螺母、螺栓头的尺寸相符合，否则容易损坏扳手和螺母或螺栓的棱角，造成拆装困难；若扳手松旷，还容易发生滑出碰伤事故等。

(2)使用扳手前应将手和扳手上的油污擦净，以免在工作中滑脱。

(3)使用扳手时，最好是拉动，而不要推动；若开始旋松必须推动时，也只能用手掌推动，以免螺母或螺栓突然松动而碰伤手指，并且需注意，只有当拉的方向同扳手成直角时，才能获得最大的扭力。

(4)不准任意接长扳手柄(如套管子等)使用，以免折断扳手或损坏工作。

(5)不准将扳手当手锤、撬棒使用。

(6)使用开口扳手，开始旋松或最后旋紧螺母及螺栓时，应让较厚的扳口承受拉力；使用活动扳手时，要将活动扳口调到卡在螺母或螺栓上不会松动方可。拉动时必须使力吃在固定扳口上。否则,容易滑出或使活动扳口断裂。使用管子扳手时,要在扳口咬紧工作物后,再用力拉动,否则会滑脱。

(7)扭力扳手使用时要正确设定规定的扭矩数值;进行紧固操作时,应充分确认周围的状态后再操作;使套筒或扳手的宽度与螺栓、螺母以及软管、配管接头等的对边宽度相匹配;紧固时若确认已听到两次"咔嗒"声,应停止操作;确认紧固操作已完成后,则应使设定后的数值恢复至 0 点;请勿将扭力扳手和其它工具混放在一起,应设专用工具箱单独保管;每半年对已使用过的扭力扳手进行一次精度检测。

(8)扳手用完后,应妥善保管,防止生锈、被酸碱腐蚀或丢失。

(三)起子

起子,又称螺丝刀、改锥,是用来旋紧或松开头部带沟槽的螺丝钉的专用工具。螺丝刀主要有一字(负号)和十字(正号)两种。常见的还有六角螺丝刀,包括内六角和外六角两种。

1.起子种类

(1)一字型螺丝刀。一字型螺丝刀主要用来旋转一字槽形的螺钉、木螺丝和自攻螺丝等。它有多种规格,通常说的大、小螺丝刀是用手柄以外的刀体长度来表示的,常用的有 100 mm、150 mm、200 mm、300 mm 和 400 mm 等几种。要根据螺丝的大小选择不同规格的螺丝刀。若用型号较小的螺丝刀来旋拧大号的螺丝很容易损坏螺丝刀。

图 1-2-17 一字型螺丝刀

(2)十字型螺丝刀。十字形螺丝刀主要用来旋转十字槽形的螺钉、木螺丝和自攻螺丝等。使用十字形螺丝刀时,应注意使旋杆端部与螺钉槽相吻合,否则容易损坏螺钉的十字槽。十字螺丝刀的规格和一字螺丝刀相同。

图 1-2-18 十字型螺丝刀

(3)多用途螺丝刀。多用途螺丝刀是一种多用途的组合工具,手柄和头部是可以随意拆卸的。它采用塑料手柄,一般都带有试电笔的功能。

2.螺丝刀使用注意事项

(1)在使用前应先擦净螺丝刀柄和口端的油污,以免工作时滑脱而发生意外,使用后也要擦拭干净。

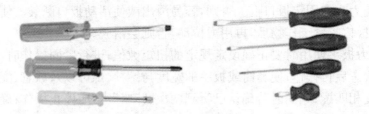

图 1-2-19　多用螺丝刀

（2）应根据旋紧或松开的螺丝钉头部的槽宽和槽形选用适当的螺丝刀；不能用较小的螺丝刀去旋拧较大的螺丝钉；十字螺丝刀用于旋紧或松开头部带十字槽的螺丝钉；弯头螺丝刀用于空间受到限制的螺丝钉头。

（3）使用时，不可用螺丝刀当撬棒或凿子使用。

（4）正确的方法是以右手握持螺丝刀，手心抵住柄端，让螺丝刀口端与螺栓或螺钉槽口处于垂直吻合状态。当开始拧松或最后拧紧时，应用力将螺丝刀压紧后再用手腕力扭转螺丝刀；当螺栓松动后，即可使手心轻压螺丝刀柄，用拇指、中指和食指快速转动螺丝刀。

（5）不可采用拿锤击打螺丝刀手柄端部的方法去撬开缝隙或剔除金属毛刺及其他的物体。

（四）钳子

如图 1-2-20 所示，钳子常用于夹持小物件、切割金属丝、弯折金属材料等，它们都有一个用于夹紧材料的部分，称之为"钳口"。钳口用杠杆控制，能够产生很大的夹紧力。使用钳子是用右手操作，将钳口朝内侧，便于控制钳切部位，用小指伸在两钳柄中间来抵住钳柄，张开钳头，这样分开钳柄灵活。

1.钳子的种类

钳子的种类很多，根据用途不同分为剪线钳、修口钳、剥线钳、大力钳等。按钳子的长度分为 150 mm、200 mm、250 mm 等多种规格。

图 1-2-20　钳子

（1）剪线钳。剪线钳又名老虎钳，适用于剪各种铁线。有平口和斜口两种，如图 1-2-21 所示。

图 1-2-21　平口钳和斜口钳

(2)修口钳。修口钳俗称尖嘴钳,也是电工(尤其是内线电工)常用的工具之一。主要用来剪切线径较细的单股与多股线以及给单股导线接头弯圈、剥塑料绝缘层以及夹取小零件等,如图 1-2-22 所示。

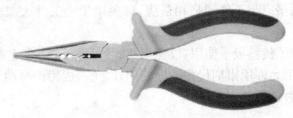

图 1-2-22　修口钳

(3)剥线钳。剥线钳为内线电工,电动机修理、仪器仪表电工常用的工具之一。专供电工剥除电线头部的表面绝缘层用,如图 1-2-23 所示。

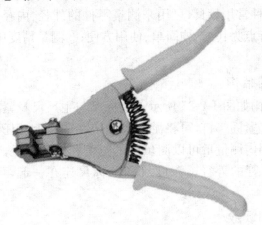

图 1-2-23　剥线钳

(4)大力钳。大力钳主要用于夹持零件进行铆接,焊接,磨削等加工,其特点是钳口可以锁紧并产生很大的夹紧力,使被夹紧零件不会松脱,而且钳口有很多档调节位置,供夹紧不同厚度零件使用,另外也可作扳手使用,如图 1-2-24 所示。

图 1-2-24　大力钳

2. 钳子使用注意事项

（1）使用前应先擦净钳子上的油污，以免工作时滑脱而导致事故；使用后应及时擦净并放在适当位置。

（2）钳子的规格应与工件规格相适应，以免钳子小工件大造成钳子受力过大而损坏。

（3）严禁用钳子代替扳手使用，以免损坏螺栓、螺母等工件的棱角。

（4）使用时，不允许用钳柄代替撬棒使用，以免造成钳柄弯曲、折断或损坏，也不可以用钳子代替锤子敲击零件。

二、常用量具

（一）游标卡尺

游标卡尺是一种常用量具，可用来测量零件的外径、内径、长度、宽度、厚度、深度、孔距等。其特点为：①结构简单、使用方便；②测量精度中等（最小分度值一般为 0.02 mm）。

1. 游标卡尺的结构

游标卡尺的结构如图 1-2-25 所示。游标尺与主尺尺身紧靠并可在主尺上滑动，游标尺上部有一紧固螺钉，可将游标尺固定在主尺上的任意位置。主尺和游标尺都有量爪，利用内测量爪可以测量槽的宽度和管的内径，利用外测量爪可以测量零件的厚度和管的外径。深度尺和游标尺连在一起，可以测量槽和筒的深度。

2. 游标卡尺的读数

游标卡尺的读数步骤如下：

①根据副尺零线以左的主尺上的最近刻度读出整毫米数；

②根据副尺零线以右与主尺上的刻度对准的副尺刻线数乘上精度读出小数；

③将所得到的整数和小数部分相加，就得到游标卡尺的读数。

若用公式简单表示，则有：

游标卡尺的读数＝主尺读数＋游标尺的格数×精度

　　　　　　　　（整数部分）　（小数部分）

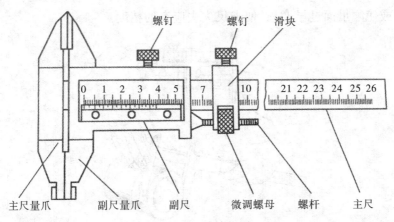

图 1-2-25 游标卡尺

下面以精度为 0.02 的游标卡尺为例，来看两个例题。

例 2-1 如图 1-2-26 所示，读数为：$25+19×0.02=25.38$ mm

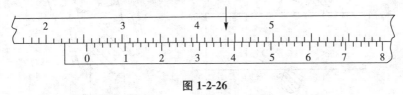

图 1-2-26

例 2-2 如图 1-2-27 所示，读数为：$30+6×0.02=30.12$ mm

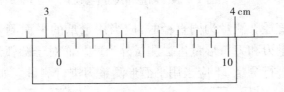

图 1-2-27

可将游标卡尺的读数方法编成顺口溜：

看精度；读整数；

细心找到对齐处。

副尺数格得小数；

二者相加就结束。

3. 游标卡尺的使用

(1)游标卡尺的使用方法。

①测量零件外尺寸。测量零件的外尺寸时，卡尺两测量面的连线应垂直于被测量表面，不能歪斜。测量时，可以轻轻摇动卡尺，放正垂直位置，如图 1-2-28 所示。否则，量爪若在如图 1-2-29 所示的错误位置上，将使测量结果 a 比实际尺寸 b 要大；先把卡尺的活动量爪张开，使量爪能自由地卡进工件，把零件贴靠在固定量爪上，然后移动尺框，用轻微的压力使活动量爪接触零件。决不可将卡尺的两个量爪调节到接近甚至小于所测尺寸，把卡尺强制的卡到零件上去，这样做会使量

17

爪变形,或使测量面过早磨损,使卡尺失去应有的精度。

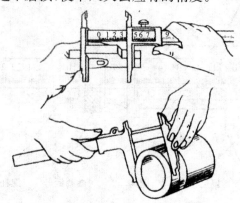

图 1-2-28　测量外尺寸(正确)

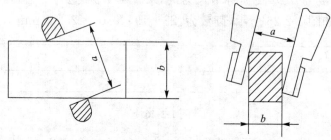

图 1-2-29　测量外尺寸(错误)

②测量沟槽直径。测量沟槽直径时,应当用量爪的平面测量刃进行测量,尽量避免用端部测量刃和刀口形量爪去测量外尺寸。而对于圆弧形沟槽尺寸,则应当用刀口形量爪进行测量,不应当用平面形测量刃进行测量。如图 1-2-30。

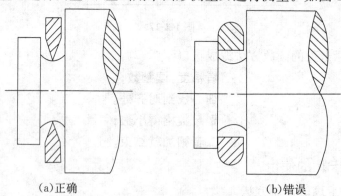

(a)正确　　　　　　　　　　　　(b)错误

图 1-2-30　测量沟槽直径

③测量沟槽宽度。测量沟槽宽度时,也要放正游标卡尺的位置,应使卡尺两测量刃的连线垂直于沟槽,不能歪斜,否则,量爪在如图 1-2-31 所示错误位置上,将使测量结果可能比实际尺寸大或小。

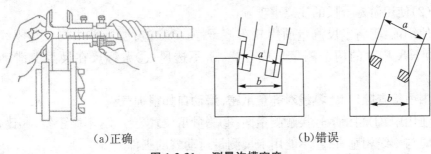

(a)正确　　　　　　　　　　　　(b)错误

图 1-2-31　测量沟槽宽度

④测量零件内尺寸。测量零件的内尺寸时,方法如图 1-2-32 所示。要使量爪分开的距离小于所测内尺寸,进入零件内孔后,再慢慢张开并轻轻接触零件内表面,用固定螺钉固定尺框后,轻轻取出卡尺来读数。取出量爪时,用力要均匀,并使卡尺沿着孔的中心线方向滑出,不可歪斜,以免使量爪扭伤、变形或受到不必要的磨损,同时可能使尺框走动,影响测量精度。

图 1-2-32　测量零件内尺寸

卡尺两测量刃应在孔的直径上,不能偏歪。下图 1-2-33 所示为带有刀口形量爪和带有圆柱面形量爪的游标卡尺,在测量内孔时正确的和错误的位置。当量爪在错误位置时,其测量结果将比实际孔径要小。

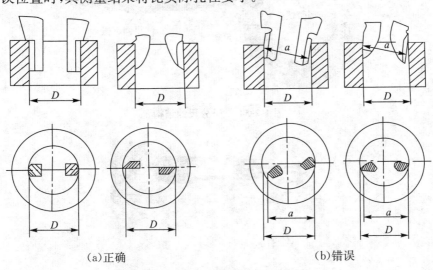

(a)正确　　　　　　　　　　　　(b)错误

图 1-2-33　测量零件内尺寸

（2）使用游标卡尺的注意事项。

使用前：①将卡尺测量面用软布擦干净；②检查：游标零线与尺身零线要对齐；③卡尺相对的两个测量爪应合拢，密不透风；④游标尺在尺身上滑动灵活自如。

用前检查顺口溜：**零线对齐量爪密，滑动自如很神气！**

使用中：①测量爪轻接触测量面；②测量爪位置要摆正，不能歪斜；③读数时，视线应与刻线相垂直；④不能用卡尺测量运动着的工件。

用时要领顺口溜：**动作轻，量爪正，目光直，工件静。**

使用后：①卡尺使用完毕：擦净，上油，合拢，平放入盒；②不可用砂纸擦除刻度尺表面、量爪测量面的锈迹、污物；③不准把卡爪当扳手、卡钳，不准把卡尺当手锤使用；④受损卡尺不允许用锤子、锉刀等自行修理。

用后保养顺口溜：

卡尺只当测量用，用完上油放整齐；
莫用砂纸擦表面，要找专人来修理。

（二）千分尺

千分尺又称螺旋测微器、螺旋测微仪、分厘卡，是比游标卡尺更精密的测量长度的工具，用它测量长度可以精确到 0.01 mm，测量范围为几个厘米。

1. 千分尺的结构

如图 1-2-34 所示，千分尺主要由尺架、测砧、测微螺杆、止动旋钮、固定套筒、微分筒、粗调旋钮、微调旋钮等组成。

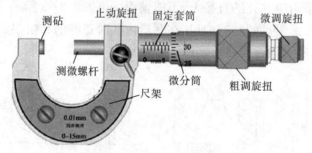

图 1-2-34　千分尺的结构

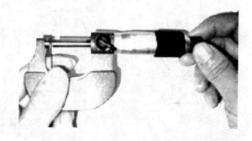

图 1-2-35 外径千分尺的测量方法

2. 外径千分尺的测量方法

①将被测物擦干净，使用千分尺时应轻拿轻放；②松开千分尺止动旋钮，校准零位，转动微调旋钮，使测砧与测微螺杆之间的距离略大于被测物体；③一只手拿千分尺的尺架，将待测物置于测砧与测微螺杆的端面之间，另一只手转动微调旋钮，当螺杆要接近物体时，改旋粗调旋钮直至听到"喀喀"声后再轻轻转动0.5～1圈；④旋紧止动旋钮（防止移动千分尺时螺杆转动），即可读数。

3. 千分尺的刻线原理和读数方法

微分筒的外圆锥面上刻有 50 格，测微螺杆的螺距为 0.5 mm。微分筒每转动一圈，测微螺杆就轴向移动 0.5 mm，当微分筒每转动一格时，测微螺杆就移动0.5/50＝0.01（mm），所以千分尺的测量精度是 0.01 mm。

千分尺的读数＝主轴刻度＋副轴刻度×0.01 mm

      （整数部分）   （小数部分）

步骤：

(1)读出固定套筒上露出的刻线尺寸，一定要注意不能遗漏应读出的 0.5 mm 的刻线值。

(2)读出微分筒上的尺寸，要看清微分筒圆周上哪一格与固定套筒的中线基准对齐，将格数乘 0.01 mm 即得微分筒上的尺寸。

(3)将上面两个数相加，即为千分尺上测得尺寸。

例 2-3　如图 1-2-36(a)，在固定套筒上读出的尺寸为 8 mm，微分筒上读出的尺寸为 27（格）×0.01 mm ＝0.27 mm，上两数相加即得被测零件的尺寸为8.27 mm；图 1-2-36(b)，在固定套筒上读出的尺寸为 8.5 mm，在微分筒上读出的尺寸为 27（格）×0.01 mm ＝0.27 mm，上两数相加即得被测零件的尺寸为8.77 mm。

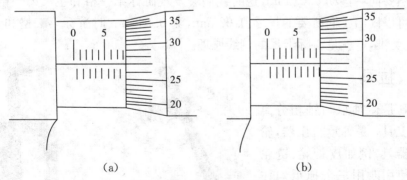

(a)　　　　　　　　　　　　(b)

图 1-2-36　千分尺的读数方法

例 2-4　图 1-2-37(a)　　　12＋0.24＝12.24(mm)

        图 1-2-37(b)　　　32.5＋0.15＝32.65(mm)

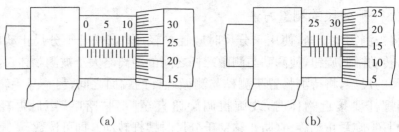

（a） （b）

图 1-2-37 千分尺的读数方法

知识拓展

一、游标卡尺的刻线原理

图 1-2-38 所示为常用的量程为 150 mm 的游标卡尺，该游标卡尺的最小分度值为 0.02 mm，下面我们就来学习一下游标卡尺的刻线原理。

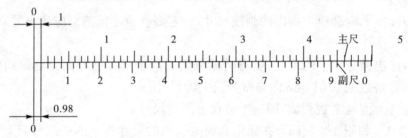

图 1-2-38 游标卡尺的刻线原理

游标尺上的 50 格对应主尺上的 49 格（即 49 mm），那么游标上的每一小格就是 0.98 mm，如果这时一个尺寸为 0.02 mm 的被测物体卡在测量爪之间，那么游标很显然要向右移动 0.02 mm，这时我们会发现游标第一格和主尺第一格对齐，从而就可以读出我们所要的尺寸 0.02 mm，测 0.04 mm 时游标第二格和主尺对齐，以此类推，这就是游标卡尺的刻线原理。

二、拉马

拉马是使轴承与轴相分离的拆卸工具，是轴承拉出器，轮子拉出器具；例如皮带轮、链轮等等。使用时用三个抓爪勾住轴承，然后旋转带有丝扣的顶杆，轴承就被缓缓拉出轴了。

图 1-2-39 拉马

课后练习

1. 说一说你所知道的机械制造与维修常用的工具和量具有哪些?

2. 普通游标卡尺可以测量工件的哪些尺寸?

3. 简述精度为 0.02 mm 的游标卡尺的刻线原理。

4. 根据下图写出游标卡尺的读数(精度为 0.02)。

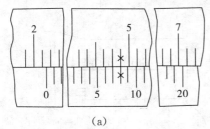

(a)

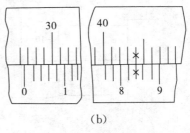

(b)

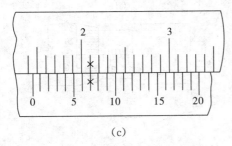

(c)

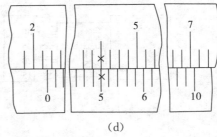

(d)

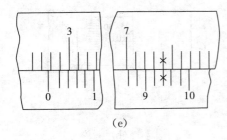

(e)

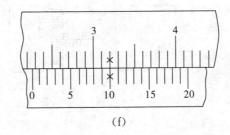

(f)

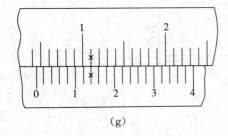

(g)

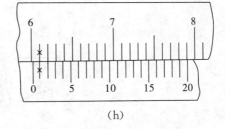

(h)

5. 千分尺测量工件时是怎样读数的?

6. 根据下图写出千分尺的读数。

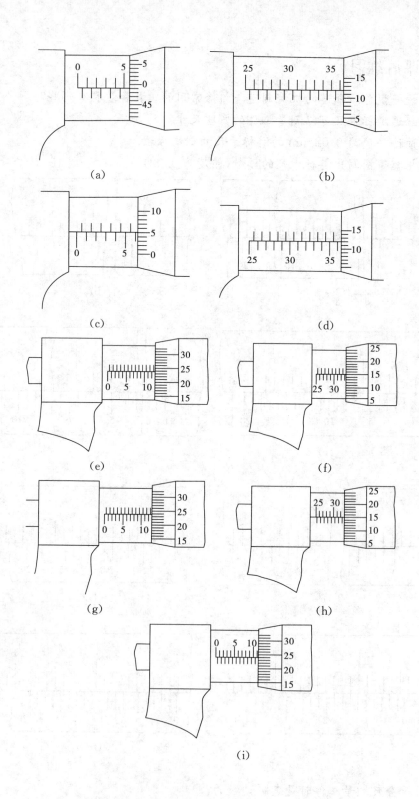

(a)

(b)

(c)

(d)

(e)

(f)

(g)

(h)

(i)

项目2　减速器的构造及拆装

任务1　认识减速器

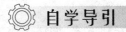 自学导引

一、学习指南

1. 课题名称

认识减速器。

2. 达成目标

(1)了解减速器的工作原理。

(2)了解减速器的结构。

(3)认识减速器的装配图。

3. 学习方法建议

通过观察齿轮减速器的结构及传动方式,了解齿轮减速器的工作原理,通过观察不同齿数齿轮的啮合传动来了解减速器是如何进行减速的。

二、学习任务

在机械制造行业中,齿轮减速器被十分广泛地使用,是一种不可缺少的机械传动装置。减速器是机械基础课程的实训项目之一,它在日常生活中有很强的实用性,与日常生活紧密相关。本任务讲解减速器的结构和工作原理,熟悉齿轮减速器的各个零件及其作用,并理解各零件间的装配关系。

三、困惑与建议

_____

_____

_____。

相关知识

一、通用减速器的发展趋势

20世纪70、80年代,世界上减速器技术有了很大的发展,且与新技术的发展紧密结合。通用减速器的发展呈现出以下趋势:

(1)高水平、高性能。圆柱齿轮普遍采用渗碳淬火、磨齿,承载能力提高4倍以上,体积小、重量轻、噪声低、效率高、可靠性高。

(2)积木式组合设计。基本参数采用优先数,尺寸规格整齐,零件通用性和互换性强,系列容易扩充和花样翻新,利于组织批量生产和降低成本。

(3)型式多样化,变型设计多。摆脱了传统的单一的底座安装方式,增添了空心轴悬挂式、浮动支承底座、电动机与减速器一体式连接,多方位安装面等不同型式,扩大使用范围。

二、减速器水平提高的驱动因素

促使减速器水平提高的主要因素有:

(1)理论知识的日趋完善,更接近实际(如齿轮强度计算方法、修形技术、变形计算、优化设计方法、齿根圆滑过渡、新结构等)。

(2)采用好的材料,普遍采用各种优质合金钢锻件,材料和热处理质量控制水平提高。

(3)结构设计更合理。

(4)加工精度提高到ISO5-6级。

(5)轴承质量和寿命提高。

(6)润滑油质量提高。

三、我国减速器的发展

自20世纪60年代以来,我国先后制订了JB1130-70《圆柱齿轮减速器》等一批通用减速器的标准,除主机厂自制配套使用外,还形成了一批减速器专业生产厂。目前,全国生产减速器的企业有数百家,年产通用减速器25万台左右,对发展我国的机械产品做出了贡献。

20世纪60年代的减速器大多是参照苏联20世纪40、50年代的技术制造的,后来虽有所发展,但限于当时的设计、工艺水平及装备条件,其总体水平与国际水平有较大差距。

改革开放以来,我国引进一批先进加工装备,通过引进、消化、吸收国外先进技术和科研成果,逐步掌握了各种高速和低速重载齿轮装置的设计制造技术。材料和热处理质量及齿轮加工精度均有较大提高,通用圆柱齿轮的制造精度可从JB179-60的8、9级提高到GB10095-88的6级,高速齿轮的制造精度可稳定在4、

5 级。部分减速器采用硬齿面后,体积和质量明显减小,承载能力、使用寿命、传动效率有了较大的提高,对节能和提高主机的总体水平起到很大的作用。

我国自行设计制造的高速齿轮减(增)速器的功率已达 42000 kW,齿轮圆周速度达 150 m/s 以上。但是,我国大多数减速器的技术水平还不高,老产品不可能立即被取代,新老产品并存过渡会经历一段较长的时间。

四、减速器简介

(一)普通减速器的类型

减速器是原动机和工作机之间的独立封闭传动装置,用来降低转速和增大转矩以满足各种工作机械的要求。按照传动形式的不同,可以分为齿轮减速器(如图 2-1-1)、蜗轮蜗杆减速器(如图 2-1-2)和行星减速器(如图 2-1-3);按照传动级数可分为单级传动和多级传动;按照传动的布置又可以分为展开式、分流式和同轴式减速器。

图 2-1-1　齿轮减速器

图 2-1-2　蜗轮蜗杆减速器

图 2-1-3　行星减速器

齿轮减速器主要有圆柱齿轮减速器、圆锥齿轮减速器和圆柱-圆锥齿轮减速器。齿轮减速器的特点是传动效率高、工作寿命长、维护简便,因此应用范围非常广泛。齿轮减速器的级数通常为单级、两级、三级和多级。按轴线在空间的布置齿轮减速器又可以分为立式和卧式两种。

蜗轮蜗杆减速器的主要特点是具有反向自锁功能,可以有较大的减速比,输入轴和输出轴不在同一轴线上,也不在同一平面上。但是一般体积较大,传动效率不高,精度不高。行星减速器的优点是结构比较紧凑,回程间隙小、精度较高,使用寿命很长,额定输出扭矩可以做得很大,但价格略贵。

(二)普通减速器的结构

以单级圆柱齿轮减速器为例说明其基本结构。减速器主要由传动零件(齿轮或蜗杆)、轴、轴承、箱体及其附件所组成。其基本结构有三大部分:①传动部分。包括齿轮轴、齿轮、键、轴;②支承部分。包括轴承、箱座、箱盖等;③润滑和密封装置部分。包括窥视孔盖、螺塞、挡油环、密封圈、端盖等。

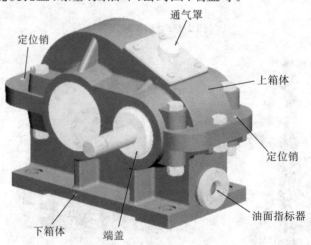

图 2-1-4　减速器外部结构

图 2-1-5 减速器内部结构

（1）减速器的箱体。如图 2-1-6 所示，减速器的箱体用来支撑和固定轴系零件（如图 2-1-7 输入轴、图 2-1-8 输出轴），应保证传动件（如图 2-1-9 高速轴，如图 2-1-10 低速轴）轴线相互位置的正确性，因而轴孔必须精确加工。箱体必须具有足够的强度和刚度，以免引起沿齿轮齿宽方向上载荷分布不匀。为了增加箱体的刚度，通常在箱体上制出筋板。为了便于轴系零件的安装和拆卸，箱体通常制成剖分式。剖分面一般取在轴线所在的水平面内（即水平剖分），以便于加工。箱盖和箱座之间用螺栓连接成一整体，为了使轴承座旁的连接螺栓尽量靠近轴承座孔，并增加轴承支座的刚性，应在轴承座旁制出凸台。设计螺栓孔位置时，应注意留出扳手空间。

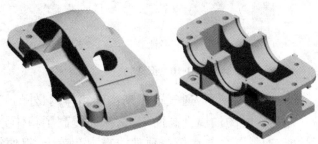

图 2-1-6 箱体

图 2-1-7 输入轴

29

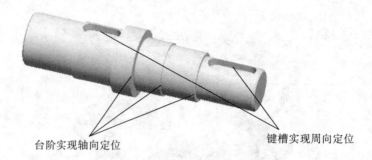

台阶实现轴向定位　　　　　键槽实现周向定位

图 2-1-8　输出轴

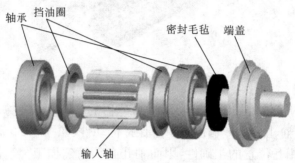

轴承　挡油圈　　　　　　密封毛毡　端盖

输入轴

图 2-1-9　高速轴

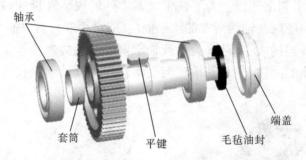

轴承

套筒　　　　平键　　　毛毡油封　端盖

图 2-1-10　低速轴

（2）通气罩。如图 2-1-11 所示，通气罩用来沟通箱体内、外的气流，使箱体内的气压不会因减速器运转时的油温升高而增大，从而提高了箱体分箱面、轴伸出端缝隙处的密封性能，通气罩多装在箱盖顶部或窥视孔盖上，以便箱内的膨胀气体自由溢出。

图 2-1-11　通气罩

图 2-1-12　油面指示器

（3）油面指示器。如图 2-1-12 所示，为了检查箱体内的油面高度，及时补充润滑油，应在油箱便于观察和油面稳定的部位，装设油面指示器。油面指示器是带透明玻璃的油孔或油标，图中采用的是前者。

（4）螺塞。如图 2-1-13 所示，换油时，为了排放污油和清洗剂，应在箱体底部、油池最低位置开设放油孔，平时放油孔用放油螺塞旋紧，放油螺塞和箱体结合面之间应加防漏垫圈。

图 2-1-13　螺塞　　　　图 2-1-14　端盖　　　　图 2-1-15　定位销

（5）起吊装置。如图 2-1-16、图 2-1-17 所示，为了便于搬运，需在箱体上设置起吊装置。图中箱盖上铸有两个吊耳，用于起吊箱盖。箱座上铸有两个吊钩，用于吊运整台减速器。

 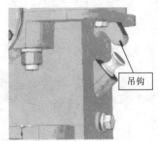

图 2-1-16　吊耳　　　　　　　　　图 2-1-17　吊钩

知识拓展

通过减速器的拆卸来分析减速器中各个零件的结构及连接方式，如图 2-1-18～图 2-1-25 所示。

 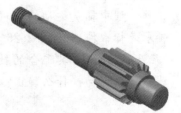

图 2-1-18　齿轮啮合　　　　　　图 2-1-19　齿轮轴

31

图 2-1-20　齿轮结构

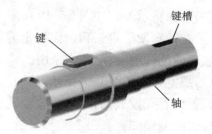

图 2-1-21　轴的结构及键连接

图 2-1-22　齿轮、轴、键组装

图 2-1-23　轴心距如何确定

图 2-1-24　轴承支撑轴运动

图 2-1-25　轴向定位

当轴承成对出现时,同一个轴上通常选择同一型号的轴承。

课后练习

1.简述齿轮减速器由哪几部分组成?

2.简述通气罩的作用。

3.工作过程中轴是运动的,如何支撑轴? 箱体的作用是什么?

4.轴承是标准件,如图 2-1-26、图 2-1-27 所示,选择轴承后,即确定了轴承的内径、外径及宽度后,与其配合的轴、箱体的尺寸才能确定。轴承由几部分组成?工作过程中什么运动? 什么静止?

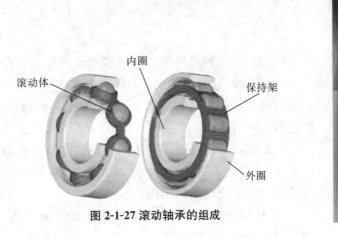

图 2-1-26 滚子轴承　　　　图 2-1-27 滚动轴承的组成

任务 2　拆卸减速器

自学导引

一、学习指南

1. 课题名称

拆卸减速器。

2. 达成目标

（1）了解减速器铸造箱体内的结构以及齿轮和轴系等的结构。

（2）了解轴上零件的定位和固定、齿轮和轴承的润滑、密封以及减速器附属零件的作用、构造和安装位置。

（3）熟悉减速器的拆卸过程。

（4）了解拆装工具和结构设计的关系。

3. 学习方法建议

（1）拆卸前预习有关内容，初步了解减速器装配图。

（2）切忌盲目拆装，拆装前要仔细观察零部件的结构及位置，考虑好合理的拆卸顺序。卸下的零件要妥善放好，避免丢失或损坏。

（3）爱护工具及设备、仔细拆卸，使箱体外的油漆少受损坏。

二、学习任务

（1）了解铸造箱体的结构。

33

（2）观察、了解减速器的附属零件的用途、结构。

（3）测量减速器的中心距、中心高、箱座上、下凸缘的宽度和厚度、筋板厚度、齿轮端面与箱体内壁的距离、大齿轮顶圆与箱内壁之间的距离、轴承端面至箱内壁之间的距离等。

（4）观察、了解减速器箱体内侧面宽度与轴承盖外圆之间的关系。

（5）了解轴承的润滑方式和密封装置，包括外密封的形式。轴承内侧挡油环、封油环的工作原理及其结构。

（6）了解轴承的组合结构以及轴承的拆卸、固定和轴向游隙的调整；测绘高速轴及轴承部件的结构草图。

（7）课后回答思考题完成实验报告。

三、困惑与建议

_____

_____

_____。

 相关知识

一、认识拆卸减速器的相关工具

①活扳手；②套筒扳手；③榔头；④内外卡钳；⑤游标卡尺；⑥钢板尺。

二、拆卸减速器

1. 拆卸前的准备工作

如图 2-2-1、图 2-2-2 所示，仔细观察减速器外部结构，从观察中思考以下问题：

①如何保证箱体支撑具有足够的刚度？

答：在轴承孔附近加支撑肋。

②轴承座两侧的上下箱体连接螺栓应如何布置？

答：轴承座的连接螺栓应尽量靠近轴承座孔。

③支撑该螺栓的凸台高度应如何确定？

答：以放置连接螺栓方便的高度为宜，也要保证旋紧螺栓时需要的扳手空间的大小。

④如何减轻箱体的重量和减少箱体的加工面积？

答：箱体的底座可以不采用完整的平面。

⑤减速器的附件如吊钩、定位销、启箱螺钉、油标、油塞和注油孔等各起何作用？其结构如何？应如何合理布置？

答：吊钩：当减速器重量超过 25 kg 时，在箱体内设置起吊装置以便于搬运。

定位销:为了保证每次拆装箱盖时,仍保持轴承座孔制造加工时的精度。

启箱螺钉:为加强密封效果,装配时通常在箱体剖分面上涂以水玻璃或密封胶,因而在拆装时往往因胶结紧密难以开盖。为此,常在箱盖连接凸缘的适当位置,设置有1～2个螺孔,旋入启箱螺钉,旋动启箱螺钉便可将上箱盖顶起。

油标:作用是检查减速器内油池油面的高度,经常保持油池内有适量的油。一般在箱体内便于观察、油面较稳定的部位,装设油标。

油塞:换油时,为了能排放污油和清洗剂,应在箱体底部、油池的最低位置处开设放油孔,平时用螺塞将放油孔堵住。油塞和箱体接合面间应加防漏用的垫圈。

注油孔:为检查传动零件的啮合情况,并向箱体内注入润滑油,应在箱体的适当位置设置注油孔。注油孔应设在上箱盖顶部能直接观察到齿轮啮合的部位。平时注油孔的盖板用螺钉固定在箱盖上。

2.拆卸箱盖

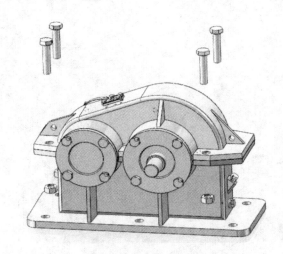

图 2-2-1　拆卸箱盖 1

图 2-2-2　拆卸箱盖 2

35

（1）用扳手或套筒扳手拆卸上、下箱体之间的连接螺栓；拆下定位销。将螺钉、螺栓、垫圈、螺母和销钉等集中放置，以免丢失。然后拧动启盖螺钉卸下箱盖（如无启箱螺钉，可用螺丝刀自上而下将箱体结合面处撬开）。

（2）仔细观察箱体内各零部件的结构及位置，并思考以下问题：

①各传动轴轴向安装与定位方式如何？

答：传动轴轴向安装采用平键连接，轴上零件利用轴肩、轴套和轴承盖做轴向固定。

②轴承是如何进行润滑的？如箱座的结合面上有油沟，则箱盖应采取怎样的相应结构才能使箱盖上的油进入油沟？

答：轴承可利用齿轮旋转时溅起的稀油，进行润滑。箱座中油沟的润滑油，被旋转的齿轮飞溅到箱盖的内壁上，沿内壁流到分箱面坡口后，从导油槽流入轴承。

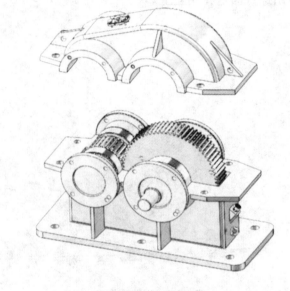

图 2-2-3　拆卸箱盖 3

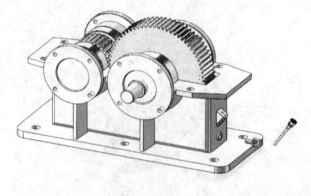

图 2-2-4　拆卸轴承 1

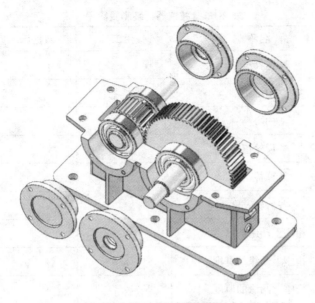

图 2-2-5　拆卸轴承 2

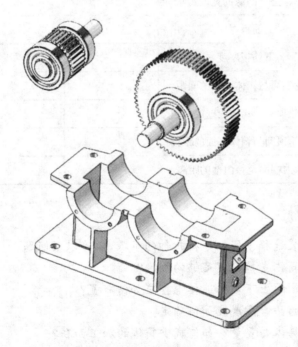

图 2-2-6　拆卸轴承 3

(3)卸下轴承盖;将轴和轴上零件随轴一起从箱座取出,按合理的顺序拆卸轴上零件。

(4)测量实验的有关尺寸,并记录于表 2-1-1。

表 2-1-1 减速器拆装测量数据

序号	名称	使用工具	数据(mm)	备注
1	减速器编号			
2	中心距			
3	中心高			
4	各齿轮齿数			
5	计算传动比			
6	各齿轮宽度			
7	箱座上凸缘的厚度			
8	箱座上凸缘的宽度			
9	箱座下凸缘的厚度			
10	箱座下凸缘的宽度			
11	上筋板厚度			
12	下筋板厚度			
13	齿轮端面与箱体内壁的间距			
14	大齿轮顶圆与箱体内壁的间隙			
15	大齿轮顶圆与箱体底面的距离			
16	轴承内端面至箱内壁的距离			

 课后练习

在减速器拆装过程中仔细分析拆卸的步骤,回答以下问题:

1.如何保证箱体支撑具有足够的刚度?

2.轴承座两侧的上下箱体连接螺栓应如何布置?

3.支撑螺栓的凸台高度应如何确定?

4.如何减轻箱体的重量? 如何减少箱体的加工面积?

5.各辅助零件有何用途?

6.试说明下列工具使用的不合理性。

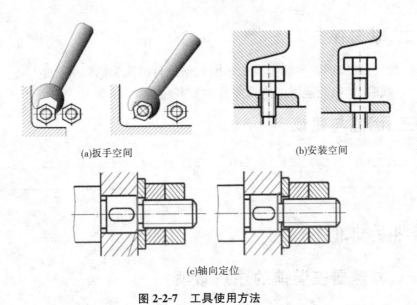

(a)扳手空间　　　　　　(b)安装空间

(c)轴向定位

图 2-2-7　工具使用方法

任务 3　安装减速器

自学导引

一、学习指南

1. 课题名称

安装减速器。

2. 达成目标

(1)通过了解减速器拆卸相关步骤来进行减速器的安装。

(2)了解轴上零件的定位和固定,齿轮和轴承的润滑、密封以及减速器附属零件的安装位置。

3. 学习方法建议

(1)安装前了解减速器的安装步骤。

(2)切忌盲目安装,安装前要仔细观察零部件的结构及位置,考虑好合理的安装顺序。

(3)爱护工具及设备、仔细安装,使箱体外的油漆少受损坏。

二、学习任务

(1)通过减速器的拆卸步骤来掌握如何进行减速器的安装。

(2)观察、了解减速器的附属零件的安装位置。

三、困惑与建议

_____

_____

_____。

 相关知识

一、减速器安装前的注意事项

(1)在使用前应对安装轴进行清洗。并检查安装轴是否有碰伤、污物,若有应全部清除干净。

(2)检查与减速器连接的孔(或轴)的配合尺寸是否符合要求。

(3)使用前应将最高位处的堵塞换上通气罩,保证减速器运行时排出体内气体。

(4)不能对蜗轮蜗杆减速器(自锁)施加逆向传动的较大负荷。

(5)用溶剂彻底清除键表面的防腐剂、污物等,清除时注意不要让溶剂浸入到油封处,否则,溶剂可能会损坏油封。

(6)减速器的安装基础应为强度及刚度可靠、减振、抗扭的底座、台架等支撑结构。基础必须干燥,且不得有油脂。

(7)安装锁紧须牢固可靠,不得在工作中产生位移。连接底面须平整贴实,不得有减速器安装压紧变形等情况。

二、减速器的安装

齿轮减速器的种类虽然多,但是它们的安装方式均类似,安装前应认真检查安装的工具是否齐全,然后把已拆卸的减速器按原样安装好。安装时按先内部后外部的合理顺序进行;装配轴套和滚动轴承时,应注意方向;注意滚动轴承的合理装拆方法,经检查后才能合上箱盖。装配上、下箱之间的连接螺栓前应先安装好定位销。减速器只能安装在平的、减震的、抗扭的支撑结构上。注意在任何情况下,不允许用锤子将皮带轮、联轴器、小齿轮或链轮等敲入输出轴上,这样会损坏轴承和轴。安装减速器时,应重视传动中心轴线对中,其误差不得大于所用联轴器的使用补偿量。通气罩等零部件按规定安装,保证使用时能方便地靠近油标、通气罩和排油塞。

⚙ 知识拓展

在安装减速器的过程中可能发生故障,其可能的原因及对应排障方法如表2-3-1所示。

表 2-3-1 减速器安装故障排除

故障	可能原因	处理方法
异常的有规律的运转噪声	a. 啮合研磨噪声:轴承损坏 b. 敲击噪声:齿轮有缺陷	1. 检查油 2. 检查齿轮
异常的无规律的运转噪声	油中有异物	检查油
漏油: a. 从箱体的端盖处 b. 从减速器法兰处 c. 从输出轴的油封处	a. 端盖密封损坏 b. 透气阀、橡胶圈未撕掉 c. 减速器箱不通气	再拧紧一下螺栓,若继续漏油,则与老师联系
漏油:从通气罩处	a. 油量太多 b. 通气阀安装不正确	a. 修正油位 b. 正确安装通气阀

⚙ 课后练习

通过减速器的安装来分析并回答以下问题:

1. 轴上零件是如何定位和固定的?

2. 滚动轴承在安装时为什么要留出轴向间隙? 应如何调整?

3. 箱体的中心高度的确定应考虑哪些因素?

4. 减速器中哪些零件需要润滑? 如何选择润滑剂?

5. 如何选择减速器主要零件的配合与精度? 如齿轮、联轴器与轴的配合,滚动轴承与轴及箱体孔的配合。

项目3　认识零部件

任务1　齿轮

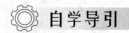 自学导引

一、学习指南

1.课题名称

齿轮。

2.达成目标

(1)了解齿轮的结构类型。

(2)理解渐开线的性质和渐开线齿廓的特点。

(3)知道标准直齿圆柱齿轮的主要参数并能进行基本尺寸的计算。

(4)知道齿轮失效形式及相关维护常识,认识齿轮的材料。

(5)了解齿轮常见的加工方法,根切现象产生的原因和避免根切现象的措施。

3.学习方法建议

网络自主学习,结合课堂学习。

二、学习任务

齿轮是机械装备的重要基础零件,绝大部分机械成套设备的主要传动部件都是齿轮传动。本任务讲解齿轮的结构、类型、齿廓形状、参数计算、失效形式、制作材料、加工方法等知识。

三、困惑与建议

_____

_____

_____ 。

相关知识

一、齿轮简介

齿轮是能互相啮合的有齿的机械零件,它在机械传动及整个机械领域中的应用极其广泛。

(一) 齿轮的结构类型

1. 齿轮轴

对于直径较小的钢制齿轮,当其齿根圆直径与相配合轴的直径相差比较小时,可将齿轮和轴制成一体,称为齿轮轴。

图 3-1-1　齿轮轴

2. 实心式齿轮

对于圆柱齿轮,当其齿顶圆直径 $d_a \leqslant 200 \text{ mm}$ 时,应将齿轮与轴分开制造,并将齿轮制成实心式齿轮。

图 3-1-2　实心式齿轮

3.辐板式齿轮

对于齿顶圆直径 $d_a \leqslant 500$ mm 的较大的圆柱齿轮或锥齿轮,制成锻造辐板式齿轮。对于铸造毛坯的辐板式锥齿轮,其结构与锻造辐板式锥齿轮基本相同,只是为提高轮坯强度,一般应在辐板上设置加强肋。

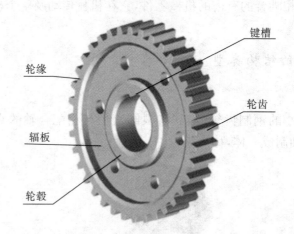

图 3-1-3　辐板式齿轮

4.轮辐式齿轮

对于齿顶圆直径 $d_a = 400 \sim 1000$ mm 和齿宽 $b \leqslant 200$ mm 的圆柱齿轮常采用铸铁或铸钢浇注的轮辐式齿轮。

图 3-1-4　轮辐式齿轮

（二）齿轮的其他分类

按齿廓曲线不同,齿轮可分为:渐开线齿轮、摆线齿轮和圆弧齿轮等,其中渐开线齿轮应用最广。

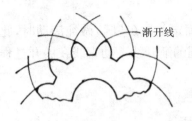

（a）渐开线齿轮　　　　（b）摆线齿轮　　　　（c）圆弧齿轮

图 3-1-5　不同齿廓曲线的齿轮

按齿线形状不同，齿轮可分为：直齿齿轮、斜齿齿轮、人字齿齿轮和曲线齿齿轮等。

（a）直齿齿轮　　　　（b）斜齿齿轮　　　　（c）人字齿齿轮

图 3-1-6　不同齿线形状的齿轮

按齿轮分度曲面不同，齿轮可分为：圆柱齿轮、圆锥齿轮、蜗轮蜗杆齿轮等。

（a）圆柱齿轮　　　　（b）圆锥齿轮　　　　（c）蜗轮蜗杆齿轮

图 3-1-7　不同分度曲面的齿轮

二、渐开线齿轮

目前，绝大部分齿轮都采用渐开线齿廓。

渐开线齿轮既能保证齿轮传动的瞬时传动比恒定，使传动平稳，而且还容易加工，便于安装，互换性好。

(一)渐开线的形成和性质

在平面上,一条动直线 KN(发生线)沿着固定的圆(基圆)做纯滚动时,此动直线 KN 上任意一点 K 的轨迹 AKB,称为该圆的渐开线。动直线在展开过程中始终与基圆相切,N 为切点,基圆半径为 r_b。

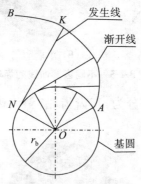

图 3-1-8　渐开线的形成

(二)渐开线齿轮各部分名称

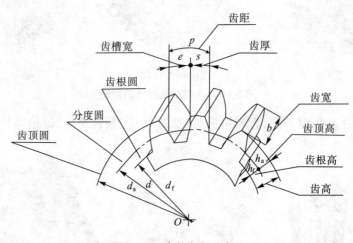

图 3-1-9　齿轮各部分名称

1. 齿顶圆

在圆柱齿轮上,其齿顶所在的圆称为齿顶圆,其直径用 d_a 表示,半径用 r_a 表示。

2. 齿根圆

在圆柱齿轮上,齿槽底所在的圆称为齿根圆,其直径用 d_f 表示,半径用 r_f 表示。

3. 基圆

齿轮渐开线齿廓曲线的生成圆,其直径用 d_b 表示。半径用 r_b 表示。当一直

线在基圆周作纯滚动时,该直线上任意一点的轨迹就是渐开线。

4. 分度圆

齿轮上作为齿轮尺寸基准的圆称为分度圆,其直径用 d 表示,半径用 r 表示。对于标准齿轮,分度圆上的齿厚和齿槽宽相等。

5. 齿距

齿轮上,相邻两齿同侧齿廓之间的分度圆弧长,称为齿距,用 p 表示。

6. 齿厚

齿轮上,一个轮齿的两侧齿廓之间的分度圆弧长称为齿厚,用 s 表示。

7. 齿槽宽

齿轮上两相邻轮齿之间的空间称为齿槽,一个齿槽的两侧齿廓之间的分度圆弧长,称为齿槽宽,用 e 表示。

8. 齿顶高

齿顶圆与分度圆之间的径向距离称为齿顶高,用 h_a 表示。

9. 齿根高

齿根圆与分度圆之间的径向距离称为齿根高,用 h_f 表示。

10. 齿高

齿顶圆与齿根圆之间的径向距离称为齿高,用 h 表示,$h = h_a + h_f$。

11. 顶隙

两齿轮啮合时,一齿轮的齿顶与另一齿轮的槽底间有一定的径向间隙,称为顶隙,用 c 表示。顶隙可避免两齿轮啮合时,一齿轮的齿顶面与另一齿轮的齿槽底面相接触,还可以储存润滑油,有利于齿面的润滑。

(三) 渐开线齿轮的基本参数

1. 齿数 z

在齿轮整个圆周上,均匀分布的轮齿总数,称为齿数,用 z 表示。齿数是决定齿廓形状的基本参数之一,同时,齿数与齿轮传动的传动比有密切关系。

2. 压力角 α

在标准齿轮齿廓上,分度圆上的压力角,简称压力角,用 α 表示。压力角已经标准化,我国规定,标准压力角 $\alpha = 20°$。

3. 模数 m

模数是齿轮几何尺寸计算中最基本的参数。为了计算和制造上的方便,人为地规定 p/π 的值为标准值,称为模数,用 m 表示,单位为 mm,即

$$m = p/\pi$$

模数直接影响齿轮的大小,齿轮齿形和强度的大小,对于相同齿数的齿轮,模

47

数越大,齿轮的几何尺寸越大,齿轮越大,因此承载能力越强。标准模数系列如表3-1-1所示。

表 3-1-1　标准模数系列表

第一系列	0.1	0.12	0.15	0.2	0.25	0.3	0.4	0.5	0.6	0.8	1
	1.25	1.5	2	2.5	3	4	5	6	8	10	12
	16	20	25	32	40	50					
第二系列	0.35	0.7	0.9	1.75	2.25	2.75	(3.25)	3.5	(3.75)	4.5	5.5
		(6.5)	7	9	(11)	14	18	22	28	36	45

注:1. 本表适用于渐开线圆柱齿轮,对斜齿轮通常是指法向模数。

　　2. 优先选用第一系列,括号内的模数尽量不选。

4. 齿顶高系数 h_a^*

齿顶高与模数的比值称为齿顶高系数,用 h_a^* 表示,即 $h_a^* = h_a/m$。

标准直齿圆柱齿轮的齿顶高系数 $h_a^* = 1$。

5. 顶隙系数 c^*

顶隙与模数的比值称为顶隙系数,用 c^* 表示,即 $c^* = c/m$。

标准直齿圆柱齿轮的顶隙系数 $c^* = 0.25$。

三、标准直齿圆柱齿轮的基本尺寸计算

齿顶高 h_a 和齿根高 h_f 为标准值,且分度圆上的齿厚 s 等于齿槽宽 e 的渐开线直齿圆柱齿轮称为渐开线标准直齿圆柱齿轮。

单个圆柱齿轮上有四个圆,即齿顶圆、齿根圆、分度圆、基圆。齿顶圆和齿根圆是看得见摸得着的两个圆,分度圆和基圆是看不见摸不着的两个圆。分度圆是计算齿轮各部分尺寸的基准圆,基圆是齿轮渐开线齿廓曲线的生成圆。

渐开线圆柱齿轮的几何尺寸计算有一个特点,即都与模数成正比。

常用外啮合渐开线标准直齿圆柱齿轮的几何尺寸计算公式见表 3-1-2。

表 3-1-2　外啮合渐开线标准直齿圆柱齿轮几何尺寸计算

名称	符号	计算公式及参数选择	组别
齿距	p	$p = \pi m$	四个弧长(圆周方向四个参数)
齿厚	s	$s = p/2 = \pi m/2$	
齿槽宽	e	$e = p/2 = \pi m/2$	
基圆齿距	p_b	$p_b = p \cos\alpha = \pi m \cos\alpha$	
齿顶高	h_a	$h_a = h_a^* m = m$	四个高度(径向四个参数)
齿根高	h_f	$h_f = (h_a^* + c^*)m = 1.25m$	
全齿高	h	$h = h_a + h_f = (2h_a^* + c^*)m = 2.25m$	
顶隙	c	$c = c^* m = 0.25m$	

续表

名称	符号	计算公式及参数选择	组别
分度圆直径	d	$d = mz$	四个圆 (四个直径参数)
基圆直径	d_b	$d_b = d\cos\alpha = mz\cos\alpha$	
齿顶圆直径	d_a	$d_a = d + 2h_a = (z + 2h_a^*)m$ $= (z + 2)m$	
齿根圆直径	d_f	$d_f = d - 2h_f = (z - 2h_a^* - 2c^*)m$ $= (z - 2.5)m$	
齿宽	b	$b = (6\sim12)m$，通常取 $10m$	一宽
中心距	a	$a = (d_1 + d_2)/2 = (z_1 + z_2)m/2$	一距

注：正常齿制 $h_a^* = 1.0$、$c^* = 0.25$、短齿制 $h_a^* = 0.8$、$c^* = 0.3$

四、齿轮的材料

齿轮的齿面应具有较高的耐磨损、抗点蚀、抗胶合及抗塑性变形的能力，而齿根要有较高的抗折断能力。因此，对齿轮材料性能的基本要求为：齿面要硬、齿芯要韧。对于配对齿轮当中的小齿轮，因受力及磨损较大，其硬度要求高于大齿轮 20～50 HBS。制造齿轮常用的材料有锻钢和铸钢，其次是铸铁，在特殊情况下也可以采用有色金属和非金属材料。

1. 锻钢

钢材的韧性好，耐冲击，还可以通过热处理或化学热处理改善其力学性能，提高齿面硬度，故最适于用来制造齿轮。锻钢的强度比直接采用轧钢材好，一般重要齿轮都采用锻钢制造。尺寸过大（$d_a > 600$ mm）或者是结构形状复杂时，如齿面硬度无特殊要求，可采用铸钢、铸铁。常用的是含碳量在 $0.15\% \sim 0.6\%$ 的碳钢或合金钢。从齿面硬度和制造工艺来分，可把钢制齿轮分为软齿面和硬齿面齿轮。

（1）软齿面（硬度小于或等于 350 HBS）。齿轮经热处理后可以切齿。对于强度、硬度及精度都要求不高的齿轮，应采用软齿面以便于切齿，并使刀具不致迅速磨损变钝。因此，应将齿轮毛坯经过正火或调质处理后切齿。切制后即为成品。其精度一般为 8 级，精切时可达 7 级。这类齿轮制造简便、经济、生产率高。

（2）硬齿面（硬度大于 350 HBS）。齿轮需进行精加工时采用。高速、重载及精密机器（如精密机床、航空发动机）所用的主要齿轮，除要求材料性能优良，轮齿具有高强度，齿面具有高硬度（如 58～65 HRC）外，还应进行磨齿等精加工。需精加工的齿轮目前多是先切齿，再做表面硬化处理，最后进行精加工，精度可达 5 级或 4 级。这类齿轮精度高，价格较贵。其热处理方法有表面淬火、渗碳、氮化等。所用材料视具体要求及热处理方法而定。

合金钢根据所含金属的成分及性能，可使材料的韧性、耐冲击、耐磨损及抗胶合的性能等获得提高，也可通过热处理或化学热处理改善材料的力学性能，提高

49

齿面的硬度。所以对于既是高速、重载又要求尺寸小、质量小的航空用齿轮,都用性能优良的合金钢(如 20CrMnTi,20Cr2Ni4A 等)来制造。

2. 铸钢

铸钢的耐磨性及强度均较好,但应经退火及正火处理,必要时也可进行调质。铸钢常用于尺寸较大的齿轮。

3. 铸铁

灰铸铁性质较脆,抗冲击及耐磨性都较差,但抗胶合及抗点蚀的能力较好,灰铸铁齿轮常用于工作平稳、速度较低、功率不大的场合。

4. 非金属材料

对高速轻载及精度不高的齿轮传动,为了降低噪声,常用非金属材料(如夹布胶木、锦纶等)做小齿轮,大齿轮仍用钢或铸铁制造。为使大齿轮具有足够的抗磨损及抗点蚀的能力,齿面的硬度应为 $250\sim350$ HBS。

表 3-1-3　齿轮的常用材料及其机械性能

材料	牌号	热处理	抗拉强度 σ_b/MPa	屈服强度 σ_s/MPa	硬度	应用范围
优质碳素钢	45	正火	580	290	169～217 HBS	低速轻载
		调质	650	360	217～255 HBS	低速中载
		表面淬火	750	450	40～50 HRC	高速中载或低速重载,冲击很小
合金钢	40Cr	调质	700	550	240～260 HBS	中速中载
	40Cr	表面淬火	900	650	48～55 HRC	高速中载
	20Cr	渗碳淬火	650	400	56～62 HRC	高速中载,承受冲击
	20CrMnTi	渗碳淬火	1100	850	56～62 HRC	
铸钢	ZG340～640	正火调质	650 700	350 380	170～230 HBS 240～270 HBS	中速中载
球墨铸铁	QT600—2	正火	600		220～280 HBS	低中速轻载,有小的冲击
灰铸铁	HT200 HT300	人工时效	200 300		170～230 HBS 187～235 HBS	低速轻载,冲击很小

 知识拓展

一、齿轮轮齿的加工

齿轮的加工方法很多,有模锻、冲压、铸造、轧制、切削加工等,目前以切削加工方法应用最为广泛。按其加工原理的不同,可分为仿型法和范成法两类。

(一)仿型法

仿型法是在普通铣床上利用与齿廓曲线相同的成型刀具将齿轮坯逐一铣削出齿槽而形成齿廓的加工方法。常用成型刀具有盘形铣刀和指状铣刀。由于铣齿是逐齿进行加工的,每铣完一个齿槽后须将齿轮坯转过一个齿,生产效率低,且分度的累积误差大,加工后的齿轮精度不高,因此铣齿加工主要用于单件修配及单件小批量生产。

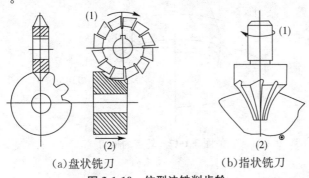

(a)盘状铣刀   (b)指状铣刀

图 3-1-10　仿型法铣削齿轮

(二)范成法

范成法是利用轮齿的啮合原理来进行轮齿加工的方法(又称展成法)。常用的加工方法有滚齿、插齿、剃齿、珩齿、磨齿等。

用范成法加工齿轮,同一模数和齿形角而齿数不同的齿轮,可以使用同一把刀具加工,且齿轮加工精度与生产效率均较高,主要用于成批、大量生产。

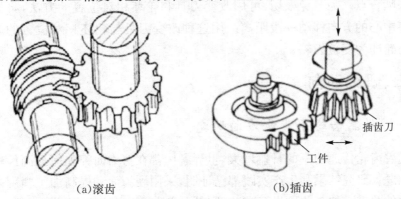

(a)滚齿   (b)插齿

图 3-1-11　范成法加工齿轮

二、渐开线齿廓的根切现象和最少齿数

(一)根切现象

用范成法切削加工渐开线齿轮时,如果被加工齿轮的齿数太少,齿条刀具的齿顶线与啮合线的交点超过理论极限啮合点,则齿轮坯的渐开线齿根部会被刀具的齿顶过多地切削掉,如图 3-1-12。这种现象称为齿轮的根切现象。

显然,被根切后的轮齿根部变窄,它不仅削弱轮齿强度,影响轮齿的承载能力,而且使齿轮传动的重合度下降,影响齿轮传动的平稳性。因此,在加工齿轮时应避免根切现象。

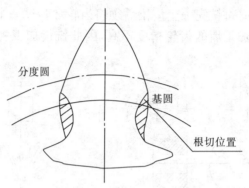

图 3-1-12　轮齿的根切

(二) 最少齿数

用范成法加工齿轮时,轮齿产生根切的现象与齿数有关,用齿条形刀具切制标准直齿圆柱齿轮不产生根切的最少齿数为 17。

实际应用中,为了使齿轮传动结构紧凑,允许有少量根切,在传递功率不大时可选用 $z_{min}=14$ 的标准齿轮。当 $z<17$、不允许有根切时,可采用变位齿轮。所谓变位齿轮是相对标准齿轮而言的。因为轮齿根切的原因在于刀具的齿顶线超过了极限啮合点。为避免根切,可用改变刀具和轮坯相对位置的方法,将刀具向远离轮坯中心的方向移动一段距离。用这种改变刀具与轮坯相对位置的方法加工出的齿轮即为变位齿轮。

三、研究动向

(一)提高齿轮承载能力的研究

随着齿轮传递功率的日益增大,世界各国都在努力研究如何提高齿轮承载能力的问题。研究结果和生产实践都已证明,采用硬齿面和提高加工精度是解决承载能力的关键。如一些硬齿面减速器与同等额定功率的软齿面减速器相比,寿命可提高三倍以上;与传递相同功率的软齿面减速器相比,硬齿面减速器的重量与体积可下降 $40\%\sim60\%$。根据预测,我国的齿轮工业 21 世纪内将完成从软齿面向硬齿面的转变。

(二) 齿轮新材料的研究与开发

塑料齿轮具有重量轻、噪声低、价格廉、适于注塑成形及可在无需润滑的条件下工作等优点,已广泛应用于家电产品、办公机器、机器人等产品上。近年来,人们通过对新型材料的塑料齿轮(尼龙合金材料齿轮、复合材料塑料齿轮)的研究,在齿面温度、摩擦因数变化规律、温升对机械性能的影响等方面取得了诸多成果,使塑料齿轮逐渐应用于动力机械。

高强度球墨铸铁齿轮,由于具有噪声低、抗胶合能力强、温升小、传动效率高、接触疲劳强度、弯曲疲劳强度及耐冲击性能均优于一般调质钢齿轮等优点,所以得到广泛应用。

(三) 新的齿轮加工方法的研究

硬齿面的加工按传统方法是磨齿,但这种方法效率低、成本高。近年来,对硬齿面精加工的新技术层出不穷,如广为采用的 30°负前角硬质合金滚刀和径向剃齿等方法均获得良好的效果。CBN(立方晶氮化硼)砂轮的出现,为超精密高效磨齿开辟了一条新途径。采用 CBN 砂轮与普通氮化铝砂轮比较,后者六、七分钟磨一个汽车齿轮,而前者仅需一分钟。

课后练习

1. 齿轮按结构不同分为哪些类型?

2. 举例说明齿轮的常用材料有哪些?

3. 一对外啮合标准直齿圆柱齿轮,齿数 $z_1 = 20$,$z_2 = 32$,模数 $m = 10$,试计算其基本尺寸,将计算结果填入下表中,并比较两齿轮哪些尺寸相同,哪些尺寸不同?

名称	符号	计算过程	小齿轮尺寸 (单位:mm)	大齿轮尺寸 (单位:mm)
齿距	p			
齿厚	s			
齿槽宽	e			
基圆齿距	p_b			
齿顶高	h_a			
齿根高	h_f			
全齿高	h			
顶隙	c			

续表

名称	符号	计算过程	小齿轮尺寸（单位:mm）	大齿轮尺寸（单位:mm）
分度圆直径	d			
基圆直径	d_b			
齿顶圆直径	d_a			
齿根圆直径	d_f			
齿宽	b			
中心距	a			

任务 2　轴系零件

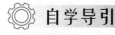 自学导引

一、学习指南

1. 课题名称

轴系零件。

2. 达成目标

(1)了解轴的分类、材料、结构和应用。

(2)了解滑动轴承的特点、主要结构和应用。

(3)熟悉滚动轴承的类型、特点、代号和应用。

(4)理解轴系的结构,学会正确安装、拆卸轴承。

3. 学习方法建议

网络自主学习结合课堂学习。

二、学习任务

机器上所安装的旋转零件,例如齿轮、带轮、链轮、凸轮、联轴器和离合器等都必须用轴来支承,并通过轴来传递运动和转矩,才能正常工作,因此轴是机械中不可缺少的重要零件。而轴本身又必须被支承起来,轴上被支承的部分称为轴颈,支承轴颈的支座称为轴承。如在减速器、汽车中都有轴和轴承。

图 3-2-1　减速器中的轴和轴承

根据摩擦性质不同,轴承分为滑动轴承和滚动轴承两大类。轴的主要功用是支承回转零件、传递转矩和运动。轴承的功用是支承轴及轴上零件,保持轴的旋转精度,减少转轴与支承之间的摩擦和磨损。

本任务中将学习轴和轴承的基础知识,练习安装和拆卸轴承。

三、困惑与建议

。

　相关知识

一、轴

传动零件(齿轮、带轮、链轮、凸轮等)必须被支承起来才能进行工作,支承传动件的零件称为轴。

轴除了具有支承的作用外,同时可以实现同一轴上的不同零件间的回转运动和动力的传递,并使轴上零件有确定的工作位置。

轴一般都要有足够的强度、合理的结构和良好的工艺性。

(一) 轴的分类

1. 按照轴线的形状划分

按照工作中轴线的形状,轴可分为直轴、曲轴和钢丝软轴。

(1)直轴。直轴的轴线为一直线,直轴的分类见表 3-2-1。

表 3-2-1　直轴的分类

标准	类型	图例	
按外形分	光轴（直径无变化）		
	阶梯轴（直径有变化）		
	特殊用途的轴	（凸轮轴）	（花键轴）
		（齿轮轴）	（蜗杆轴）
按内形分	实心轴		
	空心轴		

（2）曲轴。曲轴是内燃机、曲柄压力机等机器上的专用零件，用以将主动件的回转运动变为从动件的往复直线运动，或将主动件的往复直线运动变为从动件的回转运动。如图 3-2-2 所示。

图 3-2-2　曲轴

（3）钢丝软轴。钢丝软轴简称挠性轴，主要用于两传动轴线不在同一直线或工作时彼此有相对运动的空间传动，也可用于受连续振动的场合，以缓和冲击。钢丝软轴具有良好的挠性，它可以把回转运动灵活地传到任何空间位置，如图 3-2-3。如牙科医生用于修磨牙齿的钢丝软轴。

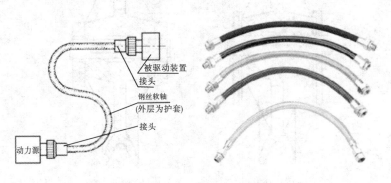

图 3-2-3　钢丝软轴

2. 按照轴在工作过程中所承受的载荷划分

根据工作过程中所承受载荷的不同，轴可分为传动轴、心轴和转轴。

（1）传动轴。传动轴是在工作时只承受扭矩、不承受弯矩或受很小弯矩的轴。如车床上的光轴、连接汽车发动机输出轴和后桥的轴，如图 3-2-4 所示。

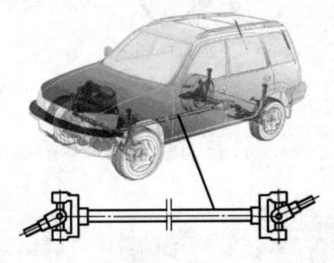

图 3-2-4　传动轴

（2）心轴。心轴是在工作时只承受弯矩，不承受扭矩的轴。如自行车前、后轮轴，汽车轮轴。根据其工作时是否转动，心轴可分为固定心轴、转动心轴，如图 3-2-5 所示。

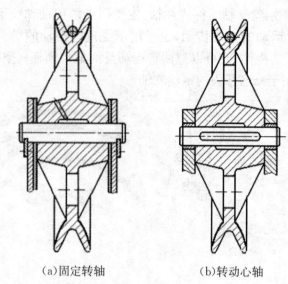

(a)固定转轴   (b)转动心轴

图 3-2-5　心轴

①固定心轴。如自行车的前轮轴,见图 3-2-6。

图 3-2-6　固定心轴

自行车工作时前轮轮毂和滚珠一起相对于前叉和车轴转动,而车轴本身固定不动,且仅承受横向力产生的弯矩,故自行车前轮轴为固定心轴。

②转动心轴。如铁路机车轮轴,见图 3-2-7。

火车轮轴在工作时为转动状态,且仅承受横向力产生的弯矩,故火车轮轴为转动心轴。

图 3-2-7　转动心轴

(3)转轴。转轴是在工作时既承受弯矩又承受扭矩的轴为转轴。转轴在各种机器中最为常见。如机床主轴,减速器齿轮轴,如图 3-2-8 所示。

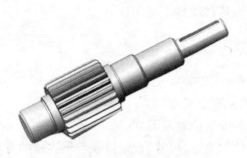

图 3-2-8　减速器小齿轮轴

光轴具有形状简单、加工方便、制造成本低、轴上应力集中源少等优点,其缺点是轴上零件不易装配定位。阶梯轴的特点则正好与光轴相反。因此光轴常用作心轴和传动轴,阶梯轴常用做转轴。

（二）轴的材料

1. 轴的毛坯用材

轴的毛坯一般采用轧制的圆钢、锻造的锻钢或焊接获得。尺寸较小时用圆钢棒材料车制;锻钢内部组织均匀,强度较好,因此重要的大尺寸的轴,常用锻造毛坯;由于铸造品质不易保证,较少选用铸造毛坯。

2. 轴的常用材料

轴是主要的支承件,应采用力学性能较好的材料。常用碳钢和合金钢,其次是球墨铸铁和高强度铸铁。

（1）碳钢。碳钢比合金钢价格低廉,对应力集中的敏感性较小,价格较低,可通过热处理改善其综合性能,加工工艺性好,故应用广泛,是轴类零件最常用的材料。多用含碳量为 $0.25\%\sim0.5\%$ 的优质中碳钢,常用牌号有 30、35、40、45、50。对受力较大、重要用途的轴,可选 45 号钢,一般应进行正火、调质热处理以改善其力学性能;对受力较小或不重要的轴,可以选用 Q235、Q255 等普通碳钢,一般不需热处理。

（2）合金钢。对于要求重载、高温、结构尺寸小、重量轻等使用场合的轴,可以选用合金钢。如最常用的是通过调质处理的 40Cr。设计中尤其要注意从结构上减小应力集中,并提高其表面质量。合金钢具有更好的力学性能和热处理性能,但对应力集中较敏感,价格也较高。

低碳钢和低碳合金钢经渗碳淬火,可提高其耐磨性,常用于韧性要求较高或转速较高的轴。如 20Cr、20CrMnTi 等低碳合金钢,经渗碳处理后可提高其耐磨性。20CrMoV、38CrMoAl 等合金钢,有良好的高温力学性能,常用于在高温、高速、重载条件下工作的轴。

对于形状比较复杂的轴,可以选用球墨铸铁和高强度铸铁,它们具有较好的加工性和吸振性,经济性好且对应力集中不敏感,近年来被广泛应用于制造结构形状复杂的曲轴等,但铸件质量不易保证。

(三) 轴的结构

1. 轴的结构的影响因素

影响轴的结构的主要因素有:

(1)轴在机器中的安装位置及形式。

(2)轴上安装零件的类型、尺寸、数量以及和轴连接的方法。

(3)轴上载荷的性质、大小、方向及分布情况。

(4)轴的加工工艺、装配工艺等。

由于影响轴结构的因素较多,且其结构形式又要随着具体情况的不同而异,所以轴没有标准的结构形式。设计时,必须针对不同情况进行具体的分析。

2. 轴的结构组成

在此重点讨论阶梯轴的结构,它主要由轴头、轴颈、轴身三部分组成。

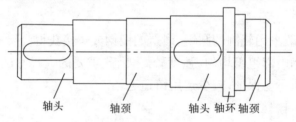

轴头　　　轴颈　　　轴头 轴环 轴颈

图 3-2-9 轴的结构

轴头:是轴上安装旋转零件的轴段,用于支承传动零件。

轴颈:是轴上安装轴承的轴段,用于支承轴承。

轴身:是连接轴头和轴颈部分的非配合轴段。

轴肩:是轴两段不同直径之间形成的台阶端面,用于确定轴承、齿轮等轴上零件的轴向位置。

轴环:是直径大于其左右两端直径的轴段,作用与轴肩相同。

轴上常见的工艺槽有螺纹退刀槽和砂轮越程槽。

(1)螺纹退刀槽。加工螺纹时,为便于螺纹加工刀具的退刀而设置的槽即为螺纹退刀槽,它能使相邻零件的面不发生干涉;如外螺纹设有退刀槽,可使带有内螺纹的零件直接拧到外螺纹根部(螺母拧到底)。

(2)砂轮越程槽。在磨削时,为了便于砂轮退出而开的槽为砂轮越程槽,可以稍稍越过加工面。

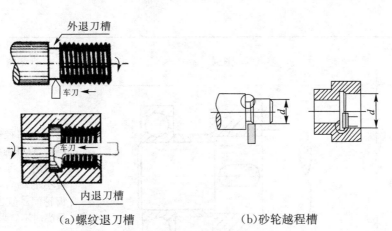

(a)螺纹退刀槽　　　　　　　(b)砂轮越程槽

图 3-2-10　轴上常见工艺槽

3. 轴的结构要求

(1)轴上零件要可靠固定(轴向、周向),轴和轴上零件要有准确、牢固的工作位置。

(2)轴上零件要便于装拆,轴上零件要便于安装、拆卸和调整。

(3)轴要便于加工和尽量避免或减少应力集中,轴应具有良好的制造工艺性。

(4)轴的受力合理,有利于提高轴的强度和刚度。

(四)轴上零件的固定

轴上零件的固定有轴向固定和周向固定两种。

1. 轴向固定

轴向固定的目的是保证零件有确定的轴向位置,防止移动,并能承受轴向力。

常用的轴向固定方法有:采用轴肩、轴环、轴套(套筒)、轴端挡圈、圆锥面、圆螺母、弹性挡圈等固定,如下表所示。

表 3-2-2　轴上零件的轴向固定

轴向固定方法	图例	特点
轴肩与轴环		简单可靠,可承受大的轴向力。 要求 $r_轴 < R_孔$ 或 $r_轴 < C_孔$。 适用零件:齿轮、带轮、轴承、联轴器等

61

轴向固定方法	图例	特点
轴套（套筒）	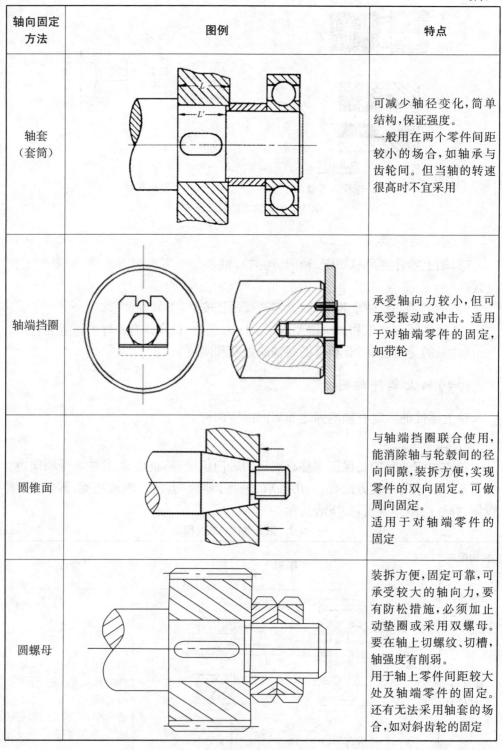	可减少轴径变化,简单结构,保证强度。 一般用在两个零件间距较小的场合,如轴承与齿轮间。但当轴的转速很高时不宜采用
轴端挡圈		承受轴向力较小,但可承受振动或冲击。适用于对轴端零件的固定,如带轮
圆锥面		与轴端挡圈联合使用,能消除轴与轮毂间的径向间隙,装拆方便,实现零件的双向固定。可做周向固定。 适用于对轴端零件的固定
圆螺母		装拆方便,固定可靠,可承受较大的轴向力,要有防松措施,必须加止动垫圈或采用双螺母。要在轴上切螺纹、切槽,轴强度有削弱。 用于轴上零件间距较大处及轴端零件的固定。还有无法采用轴套的场合,如对斜齿轮的固定

续表

轴向固定方法	图例	特点
弹性挡圈	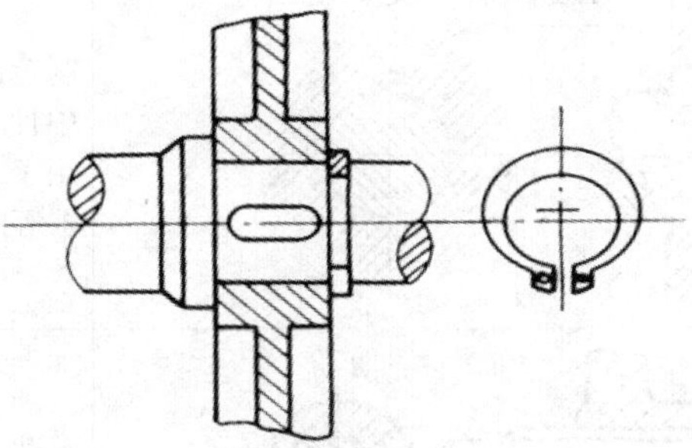	结构简单、拆装方便、承受很小的轴向力适用于对滚动轴承等的固定
圆锥销	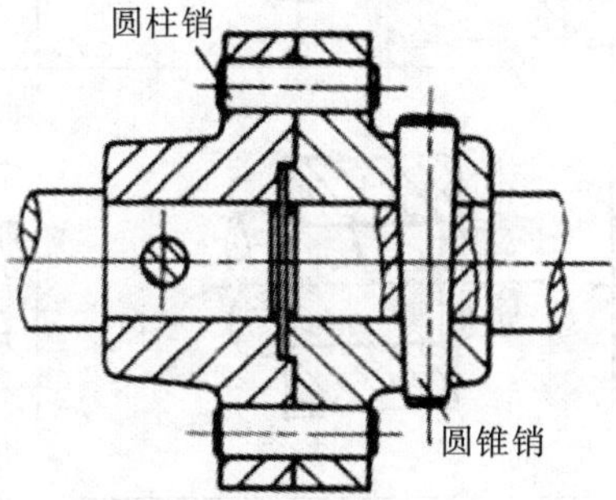 圆柱销　圆锥销	周向、轴向都可以固定，承受载荷较小，常用作安全装置的被切断件，对轴强度有削弱
紧定螺钉	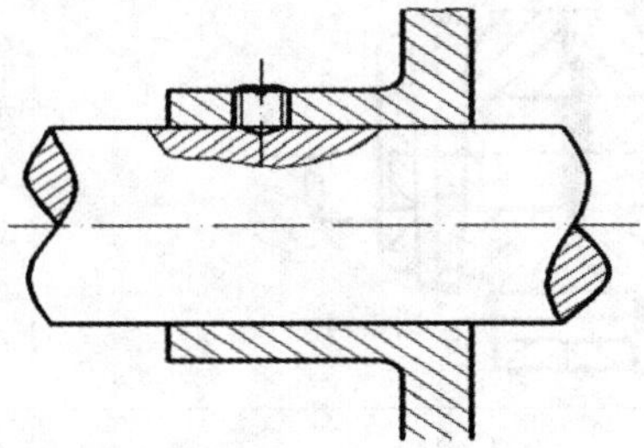	周向、轴向都可以固定，承受载荷较小，只适用于辅助连接

当采用轴肩、轴环、轴套、轴端挡圈、圆锥面、圆螺母等做轴向固定时,安装零件的轴段长度,要比零件轮毂长度稍短一点,以利靠紧到位。

齿轮、皮带轮等零件均要双向固定。

2. 周向固定

轴上零件周向固定的目的是传递转矩及防止零件与轴产生相对转动。常用的周向固定方法有:采用键、过盈配合、销、紧定螺钉等固定。

表 3-2-3　轴上零件的周向固定

周向固定方法	图例	特点
普通平键		制造简单、装拆方便、对中性好、广泛应用。适用于对带轮、齿轮、联轴器等的固定
花键		承载能力强、对中性和导向性好、成本高
过盈配合		同时具有周向和轴向固定作用,对中精度高,抗冲击性能较好,承载能力取决于过盈量的大小。不适用于重载和经常装拆的场合
圆锥销		周向、轴向都可以固定,承受载荷较小,常作为安全装置的被切断件,对轴强度有削弱
紧定螺钉		周向、轴向都可以固定,承受载荷较小,只适用于辅助连接

二、轴承

轴承能够支承轴及轴上零件,保证轴的回转精度,减少回转轴与支承零部件间的摩擦和磨损。按照轴承与轴工作表面间摩擦性质的不同,轴承可分为滑动轴承和滚动轴承两大类。

（一）滑动轴承

仅发生滑动摩擦的轴承称为滑动轴承。滑动轴承工作时,轴与轴承间存在着滑动摩擦,为减少摩擦与磨损,在轴承内常加有润滑剂。

图 3-2-11　滑动轴承

1.滑动轴承的特点

优点:

(1)寿命长,适于高速。

(2)能承受冲击和振动载荷。

(3)运转精度高,工作平稳,无噪声。

(4)结构简单,装拆方便。

(5)径向尺寸小,承载能力大,可用于重载场合。

(6)液体摩擦滑动轴承,摩擦损失与滚动轴承相差不多,如果能保证滑动表面被润滑油分开而不发生接触时,可以大大地减少摩擦损失和表面磨损,润滑油膜具有缓冲和吸振能力。

缺点:

(1)非液体摩擦滑动轴承,摩擦损失大;普通滑动轴承的启动摩擦阻力大。

(2)设计、制造、润滑及维护要求高。

2.滑动轴承的结构

滑动轴承一般由滑动轴承座、轴瓦或轴套构成。滑动轴承座是装有轴瓦或轴套的壳体。轴套是径向滑动轴承中与支承轴颈相配的圆筒形整体零件。轴瓦是与轴颈相配的对开式零件。

3.滑动轴承的应用

滑动轴承主要应用于以下场合:

(1)低速、重载或转速特别高的场合。

(2)承受极大的冲击和振动载荷的场合。

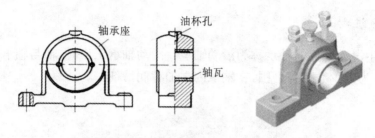

图 3-2-12　滑动轴承的结构

（3）对轴的支承精度要求较高、特别精密的场合。

（4）装配工艺要求轴承剖分的场合，轴承要求安装在长轴或曲轴中间。

（5）要求径向尺寸小的场合，如机床、汽轮机、发电机、轧钢机、大型电机、内燃机、铁路机车、仪表、天文望远镜等。

4. 滑动轴承的类型

根据承受载荷的方向划分，滑动轴承可分为径向滑动轴承（承受径向载荷）、止推滑动轴承（承受轴向载荷）、径向止推滑动轴承（同时承受径向和轴向载荷）。常用径向滑动轴承的结构形式有整体式、剖分式、自动调心式三种。

表 3-2-4　滑动轴承的类型

类型		结构简图	应用特点
径向滑动轴承	整体式	轴承座　油杯孔　轴瓦	构成：轴套（整体式轴瓦）和轴承座。 构造简单，价格低廉；轴套磨损后，轴承间隙无法调整，必须更换轴套；装拆不便，轴颈只能从端部装入。 常用于低速、载荷不大的间歇工作的机器上
	剖分式	轴承盖　剖分式 轴承座　轴瓦	构成：轴承座、轴承盖、剖分轴瓦、双头螺柱。 剖分面是水平的，也有斜的。轴承盖与轴承座的剖分面常做成阶梯形，以便定位和防止工作时的错动。 轴瓦磨损后轴承的径向间隙可调整。装拆方便，应用较广

续表

类型		结构简图	应用特点
径向滑动轴承	自动调心式		轴瓦外表面做成球面形状,与轴承盖及轴承座的球状内表面相配合,轴瓦可以自动调位以适应轴颈在轴弯曲时所产生的偏斜。避免因轴颈偏斜与轴承接触不良而引起轴瓦端部边缘发生急剧磨损。 主要适用于轴的挠度较大或两轴承内孔轴线的同轴度误差较大的场合
止推滑动轴承		 (a)实心端面止推轴颈 (b)空心端面止推轴颈 (c)单环轴颈　(d)多环轴颈 轴承座 套筒 径向轴瓦 止推轴瓦 销钉 出油 进油	用来承受轴向载荷的滑动轴承。靠轴的端面或轴肩、轴环的端面向推力支承面传递轴向载荷。 (a)实心式:由轴的端面传递轴向载荷。 (b)空心式:轴颈接触面上压力分布较均匀,润滑条件较实心式的改善。 (c)单环式:利用轴颈的环形端面止推,结构简单,润滑方便,广泛用于低速、轻载的场合。 (d)多环式:不仅能承受较大的轴向载荷,有时还可承受双向轴向载荷。适用于推力较大的场合。

5. 滑动轴承轴瓦常用材料

轴瓦是滑动轴承的重要零件,它直接与轴颈接触,其材料对于轴承的性能影响很大。轴瓦材料应满足下述要求:摩擦因数小;耐磨、耐蚀、抗胶合能力强;有足够的强度和塑性;导热性好,线胀系数小。常用的轴瓦材料有如下这些。

(1)轴承合金。常用的有锡基和铅基两种。锡基轴承合金以锡为软基体,体内悬浮着锑和铜的硬晶粒;铅基轴承合金以铅为软基体,体内悬浮着锡和锑的硬晶体。这两种轴承合金中的硬晶粒抗磨损能力强,软基体塑性好,抗胶合能力强,是较理想的轴承材料。

(2)青铜。青铜轴瓦的强度高,承载能力大,耐磨性与导热性比轴承合金好,可在较高的温度下工作,但它的塑性差,不易磨合,与其相配的轴颈必须淬硬磨光。

(3)粉末冶金材料。粉末冶金是用金属粉末烧结而成的轴承材料。它具有多孔性组织,利用虹吸作用,孔内能储存一定的润滑油,工作时随轴承温度的升高,油不断地从孔中挤到金属表面,从而润滑轴承;停车后,油又被吸回孔内,所以这种轴承又称含油轴承。轴承一次浸油后可以使用较长时间,常用于不便加油的场合。

(4)非金属材料。非金属轴瓦材料有石墨、橡胶、塑料、胶木等,其中以塑料应用最广。塑料摩擦因数小、塑性好、耐磨、耐蚀能力强,可用水、油及化学溶液润滑,但线胀系数大,容易变形。

(二)滚动轴承

1. 滚动轴承的结构

以滚动摩擦为主的轴承称为滚动轴承。其结构主要由外圈、保持架、滚动体和内圈组成。如图 3-2-13 所示。

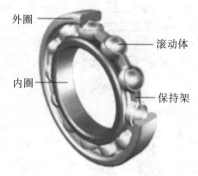

图 3-2-13　滚动轴承的基本结构

外圈的内表面和内圈外表面上制有凹槽,称为滚道。当内、外圈作相对回转时,滚动体在内、外圈的滚道间既做自转又做公转。保持架的作用是把滚动体均匀地隔开,以避免相邻的两滚动体直接接触而增加磨损。

滚动体是轴承中形成滚动摩擦必不可少的零件,常用的滚动体形状如图 3-2-14 所示。

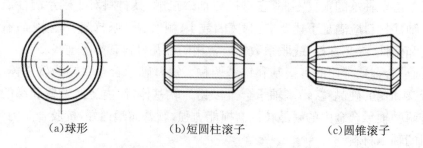

(a)球形　　　　　　　(b)短圆柱滚子　　　　　　　(c)圆锥滚子

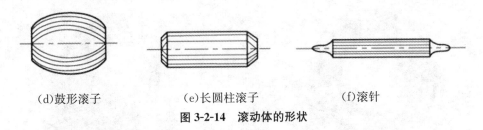

(d)鼓形滚子　　　　　　　　(e)长圆柱滚子　　　　　　　　(f)滚针

图 3-2-14　滚动体的形状

2. 滚动轴承的分类

按滚动轴承能承受的载荷方向或公称接触角 α(当滚动轴承承受纯径向载荷，滚动体与外圈滚道接触点的公法线与轴承径向平面的夹角)的大小可将滚动轴承分为两大类：

(1)向心轴承。主要承受径向载荷($0°\leqslant\alpha\leqslant40°$)

(2)推力轴承。主要承受轴向载荷($45°\leqslant\alpha\leqslant90°$)

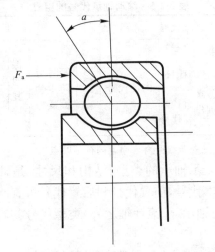

图 3-2-15　滚动轴承的接触角

滚动轴承的分类方法很多，还可根据滚动体的形状、种类、列数、能否调心、部件能否分离等进行分类。

图 3-2-16　单列轴承和双列轴承

69

图 3-2-17 不可分离轴承和可分离轴承

3. 滚动轴承的代号

滚动轴承的代号由基本代号、前置代号和后置代号组成,用字母和数字来表示。轴承代号的构成见表 3-2-5。

表 3-2-5 滚动轴承代号的组成

前置代号	基本代号					后置代号							
	五	四	三	二	一								
成套轴承分部件	类型代号	尺寸系列代号		内径代号		内部结构	密封与防尘套圈变型	保持架及其材料	轴承材料	公差等级	游隙	配置	其他
		宽度或高度系列代号	直径系列代号										

注:基本代号下面的一至五表示代号自右向左的位置序数。

滚动轴承基本代号表示轴承的类型、结构和尺寸,是轴承代号的核心。本节主要介绍滚动轴承的基本代号,前置代号和后置代号可查阅相关机械手册。

(1)类型代号。滚动轴承(除滚针轴承外)类型代号共有 13 种基本类型,用数字或字母表示。

表 3-2-6 滚动轴承的基本类型

类型代号	轴承类型	类型代号	轴承类型
0	双列角接触球轴承	7	角接触球轴承
1	调心球轴承	8	推力圆柱滚子轴承
2	调心滚子轴承和推力调心滚子轴承	N	圆柱滚子轴承
3	圆锥滚子轴承	NN	双列或多列圆柱滚子轴承
4	双列深沟球轴承	U	外球面球轴承
5	推力球轴承	QJ	四点接触球轴承
6	深沟球轴承		

(2)尺寸系列代号。尺寸系列代号由轴承的宽(高)系列代号和直径系列代号组合而成。向心轴承和推力轴承尺寸系列代号见表 3-2-7。

表 3-2-7　滚动轴承的基本类型

直径系列代号	向心轴承								推力轴承			
	宽度系列代号								高度系列代号			
	8	0	1	2	3	4	5	6	7	9	1	2
7	—	—	17	—	37	—	—	—	—	—	—	—
8	—	08	18	28	38	48	58	68	—	—	—	—
9	—	09	19	29	39	49	59	69	—	—	—	—
0	—	00	10	20	30	40	50	60	70	90	10	—
1	—	01	11	21	31	41	51	61	71	91	11	—
2	82	02	12	22	32	42	52	62	72	92	12	22
3	83	03	13	23	33				73	93	13	23
4	—	04	—	24	—				74	94	14	24
5	—	—	—	—	—	—	—	—	—	95	—	—

轴承的宽(高)系列代号表示轴承内、外径相同而宽(高)度不同的轴承系列。对于向心轴承用宽度系列代号,代号有 8、0、1、2、3、4、5、6,其宽度尺寸依次递增;对于推力轴承用高度系列代号,代号有 7、9、1、2,高度尺寸依次递增。

轴承的直径系列代号表示内径相同,外径不同的轴承系列。代表有 7、8、9、0、1、2、3、4、5,其外径尺寸依次递增。

(3)内径代号。滚动轴承内径代号见表 3-2-8。

表 3-2-8　滚动轴承内径代号

轴承公称内径(mm)		内径代号	示例
0.6～10(非整数)		用公称内径毫米数直接表示,在其与尺寸系列代号之间用"/"分开	深沟球轴承 618/2.5 $d=2.5$ mm
1～9(整数)		用公称内径毫米数直接表示,对深沟及角接触球轴承 7、8、9 直径系列,内径与尺寸系列代号之间用"/"分开	深沟球轴承 625、618/5 $d=5$ mm
10～17	10 12 15 17	00 01 02 03	深沟球轴承 6200 $d=10$ mm
20～480 (22,28,32 除外)		公称内径除以 5 的商数,商数为个位数时,需在商数左边加"0",如"08"	调心滚子轴承 23208 $d=40$ mm
大于和等于 500 以及 22,28,32		用公称内径毫米数直接表示,与尺寸系列代号之间用"/"分开	调心滚子轴承 230/500 $d=500$ mm 深沟球轴承 62/22 $d=22$ mm

滚动轴承基本代号示例:

6 (0)2 08 (P0)

```
6 (0)2 08 (P0)
│  │  │   └── 公差等级为0级，普通级不标出
│  │  └────── 轴承内径,d=8×5=40 mm
│  └───────── 尺寸系列代号,宽度系列代号为0,属正常宽度系列,
│             可不标出,直径系列为2(轻型系列)
└──────────── 轴承类型代号,6为深沟球轴承
```

4. 常用滚动轴承特性

表 3-2-9 常用滚动轴承特性

类型	类型代号	结构简图	实物图	结构性能特点
调心球轴承	1			主要承受径向载荷,也可承受不大的轴向载荷。适用于刚性较小及难于对中的轴
调心滚子轴承	2			调心性能好,能承受很大的径向载荷,但不宜承受纯轴向载荷。适用于重载及有冲击载荷的场合
圆锥滚子轴承	3			能同时承受轴向和径向载荷,承载能力大,内外圈可分离,间隙易调整,安装方便,一般成对使用
双列深沟球轴承	4			与深沟球轴承的特性类似,但能承受更大的双向载荷且刚性更好
推力球轴承	5			只能承受轴向载荷,不宜在高速下工作
深沟球轴承	6			主要承受径向载荷,也可承受一定的轴向载荷,应用广泛

续表

类型	类型代号	结构简图	实物图	结构性能特点
角接触球轴承	7			同时承受径向和单向轴向载荷,接触角越大,轴向承载能力也越大,一般成对使用
推力圆柱滚子轴承	8			只能承受单向轴向载荷,承载能力比推力球轴承大得多,不允许有角偏差
圆柱滚子轴承	N			能承受较大的径向载荷,不能承受轴向载荷,内外圈可分离,允许少量轴向位移和角偏差。适用于重载和冲击载荷

5. 滚动轴承的选择

根据滚动轴承各种类型的特点,在选用轴承时应从载荷的大小和方向,转速的高低,支承刚度以及安装精度等方面考虑。选择时可参考以下几项原则:

(1)轴承的载荷。当载荷较大时应选用线接触的滚子轴承。球轴承为点接触,适用于轻载及中等载荷。当有冲击载荷时,常选用螺旋滚子或普通滚子轴承。

对于纯轴向载荷,选用推力轴承。而纯径向载荷常选用向心轴承。既有径向载荷同时又承受轴向载荷时,若轴向载荷相对较小,选用向心角接触球轴承或深沟球轴承。当轴向载荷很大时,可选用向心轴承和推力轴承的组合结构。

(2)轴承的转速。转速较高时,宜用点接触的球轴承,一般球轴承有较高的极限转速。如有更高转速要求时,选用超轻、特轻系列的轴承,以降低滚动体离心力的影响。

(3)刚性及调心性能要求。当支承刚度要求较大时,可采用成对的向心推力轴承组合结构或采用预紧轴承的方法提高支承刚度;当支承跨距大,轴的弯曲变形大,刚度较低或两个轴承座孔中心位置有误差时,应考虑轴承内外圈轴线之间的角偏差需要选用自动调心轴承。

此外,还应注意经济性,以降低产品价格,一般单列向心球轴承价格最低,滚子轴承较球轴承价格高,而轴承精度越高则价格越高。

6. 滚动轴承的固定与装拆

(1)滚动轴承的固定方法。滚动轴承内、外圈的周向固定是靠内圈与轴间以及外圈与机座孔间的配合来保证了。

轴承内圈的固定方法参见前面轴的结构中"轴上零件的固定"部分内容。

轴承外圈的固定方法如图 3-2-18 所示。单向固定可用轴承端盖,承受单向载荷;双向固定可用孔肩与轴承端盖或孔肩与孔用弹性挡圈固定,承受双向载荷。

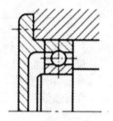 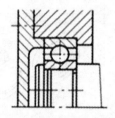 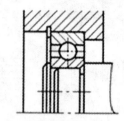

(a)轴承端盖固定　　　(b)孔肩与轴承端盖固定　　(c)孔肩与孔用弹性挡圈固定

图 3-2-18 滚动轴承外圈的固定

(2)滚动轴承的装拆。轴承的内圈与轴颈配合较紧,对大尺寸的轴承,可用压力机在内圈端面上加压装配。对于中小尺寸的轴承可借助手锤和套筒安装(如图 3-2-19),套筒对准内圈,手锤打击套筒,不能用手锤直接击打外圈,以防止轴承变形。对于配合较紧的轴承,为了提高装配质量,可把轴承放在油中加热(油温不超过 80～90℃),使轴承内孔胀大,然后装到轴颈上。

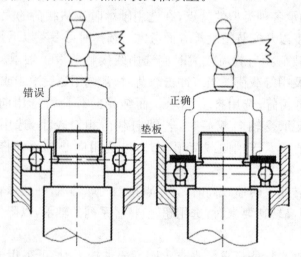

图 3-2-19　轴承的安装

拆卸轴承时,要用专用工具(拉拔器)钩住轴承内圈(见图 3-2-20),将轴承卸下,不允许用钩头钩住外圈或用手锤敲打外圈拆卸轴承。为了便于拆卸轴承,内圈的厚度应比轴肩高,外圈在孔肩内应留出足够的高度。

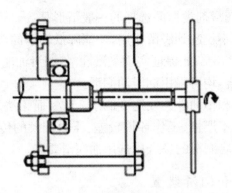

图 3-2-20　用专用工具拆卸轴承

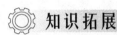 **知识拓展**

一、机械的润滑

机器在运行时,相对运动的零部件的接触表面之间会产生摩擦。摩擦不仅消耗能量,还会使机械零件发生磨损,降低零部件的使用寿命。因此,选择合理的润滑方式,对延长零件寿命、降低能耗、保证机器的正常运行具有极其重要的意义。

(一) 润滑剂

1. 润滑剂的分类

凡能起降低摩擦阻力作用的介质都可作为润滑剂。常用的润滑剂是润滑油与润滑脂。

(1)润滑油。润滑油主要有合成油和矿物油,目前所用的润滑油多为矿物油。常用的润滑油有全损耗系统用油(即机械油)、工业闭式齿轮油等。润滑油的主要性能指标是黏度,它是润滑油抵抗变形的能力,用以表征流体内部的摩擦力大小,也是润滑油牌号的区分标志。我国使用运动黏度,单位是 mm^2/s。润滑油的黏度随温度的升高而降低。如"L-AN68"是指 40℃时运动黏度为 68 mm^2/s 的全损耗系统用油。

(2)润滑脂。润滑脂是由润滑油添加各种稠化剂和稳定剂制成的膏状润滑剂,习惯上称之为黄油。根据调制的皂基不同,可将润滑脂分为钙基、钠基、锂基润滑脂三种。其中,钙基的抗水性好,但耐热性较差;钠基润滑脂与之相反;锂基润滑脂有良好的抗水性、耐热性和机械稳定性,用途较广。润滑脂的主要性能指标是锥入度和滴点。锥入度用以表示润滑脂的稀稠程度;滴点用以表示润滑脂的耐热性。

2. 润滑剂的选择原则

对于轻载、高速、低温的场合应选用黏度小的润滑油;对于重载、低速、高温的场合应选用黏度较大的润滑油。润滑脂黏度大,不易流失,适用于低速,载荷大、

75

不经常加油的场合。润滑剂类型的选择的一般情形是：

（1）润滑油的润滑不仅起到润滑作用，还能降低轴承的温度。对于闭式传动，传动件的线速度大于 2 m/s，能保证实现飞溅润滑，润滑油能到达各润滑点且润滑油能够循环使用的场合，均可采用润滑油润滑。

（2）对于开式传动和传动件的线速度低于 2 m/s 而无法采用润滑油润滑的闭式传动，或对润滑要求不严格、工作环境较差、压力较大的传动，一般采用润滑脂润滑。相比之下，选用脂润滑的场合比选用油润滑要多。

（二）润滑方式和润滑装置

润滑方式分手工定时润滑和连续润滑两种。

1. 手工定时润滑

操作人员用油壶或油枪将润滑油注入设备的油孔、油嘴或油杯中，使油流至需要润滑的部位。加油量凭操作人员感觉和经验控制。这种方法供油不均匀，不连续，主要用于低速、轻载、间歇工作的滑动面、开式齿轮、链条及其他单个摩擦副的润滑。

2. 连续润滑

连续供油，供油比较可靠，有的还可以调节。常用的连续供油方式有以下几种。

（1）油绳。油绳润滑是用毛线或棉纱做成芯捻，其一端浸在油内，另一端悬垂在送油管中，不与润滑部位接触。利用毛细管的虹吸原理吸油，滴落入润滑部位（见图 3-2-21）。润滑装置结构简单，但油量不大，调节不便。用于载荷、速度不大的场合。

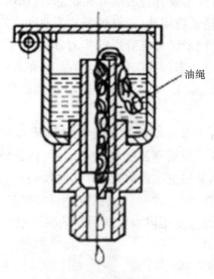

图 3-2-21　油绳润滑

(2)针阀式注油杯润滑。当手柄位于图 3-2-22 所示的水平位置时,针阀受弹簧推压向下堵住油孔。手柄转 90°变为直立位置时,针阀上提,油孔敞开供油。调整调节螺母可以调节滴油量。这种润滑装置可以手动,也可以自动,用于要求供油量一定、连续供油的场合。

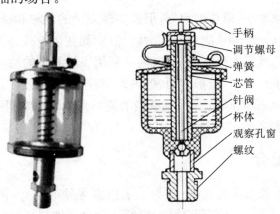

图 3-2-22　针阀式注油杯润滑

(3)油浴、溅油润滑。如图 3-2-23 所示,齿轮减速器的大齿轮下部浸在油中,齿轮转动时将油带入啮合部位,进行润滑,这种润滑方式称为油浴润滑。齿轮转动时使润滑油飞溅到其他零件上进行润滑,称为溅油润滑。

由于油浴、飞溅润滑都能保证在开车后自动将润滑油送入摩擦副,而停车时又自行停送,所以润滑可靠、耗油少、维护简单,广泛应用于机床、减速器及内燃机等闭式传动中。

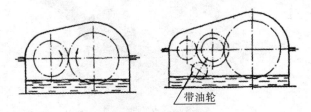

图 3-2-23　油浴润滑

(4)油雾润滑。油雾润滑用压缩空气将润滑油从喷嘴喷出,使润滑油雾化后随压缩空气弥散至摩擦表面起润滑作用。油雾能带走摩擦热和冲洗掉磨屑,常用于高速滚动轴承、齿轮传动以及滑板、导轨的润滑。

(三)轴承的润滑

轴承润滑的目的在于减小轴承中的摩擦和磨损,同时起冷却、吸振和防锈的作用。因此,轴承能否正常工作与润滑有很大的关系。

滑动轴承常用的润滑剂有润滑油(机械油 N5,N7,N10,N15,N22 等)和润滑脂(钙基润滑脂、钠基润滑脂、锂基润滑脂等)。滑动轴承的润滑油有连续供油与间歇供油两种方式,前者多用于重要的轴承,后者用于一般轴承。

滚动轴承除了滚动体与座圈之间的滚动摩擦外,零件之间仍然存在着滑动摩擦,例如滚动体与保持架之间的摩擦。滚动轴承的润滑剂主要是润滑油和润滑脂两类。

润滑油的内摩擦小,散热效果好,但需要较复杂的供油和密封装置,一般多用于速度较高的轴承。若轴承附近有润滑油源(例如在齿轮减速器和变速器中),且转动零件的圆周速度又大于 3 m/s 时,则可利用飞溅起来的油去润滑滚动轴承。

油脂润滑的密封简单,维护方便,但内摩擦较大,散热效果差。润滑脂一般在装配时加入,当 $n<1500$ r/min 时,润滑脂的装填量为轴承空间的 2/3,当 $n>1500$ r/min 时,其装填量不应超过轴承空间的 1/3~1/2。

二、公差配合

减速器当中像轴与齿轮轮毂、轴与轴承内圈等处的结合,需要二者的尺寸具有一定的配合性。零件需要有互换性,以便于配合零件损坏时的修配或者以旧换新。为使零件具有互换性,要求尺寸的一致性,不是说要求零件都准确地制成一个制定的尺寸,而是要求在某一个合理的范围之内。对于相互结合的零件,这个范围既要保证互相结合的尺寸之间满足不同的使用要求,又要在制造上是经济合理的,这样就形成了"公差与配合"的概念。

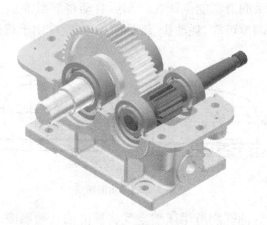

图 3-2-24 减速器的结构

(一) 公差

在生产实际中不可避免地会产生加工误差,为了达到预定的互换性要求,就要把零部件的几何参数控制在一定的变动范围内,允许尺寸的变动量称为尺寸公差,简称公差。"公差"用于协调机器零件使用要求与制造经济性之间的矛盾。显然公差的大小反映了零件加工的难易程度,反之也可以说是表示了零件制造的精确程度。

$$公差＝最大极限尺寸－最小极限尺寸$$
$$＝上偏差－下偏差$$

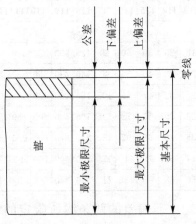

图 3-2-25 轴类零件的公差示意图

（1）标准公差。指由国家以标准的形式所规定下来的公差，一般情况下建议使用标准公差。按国家标准规定，根据零件尺寸的制造精度，标准公差用代号"IT"表示，共分 20 个等级，依次为 IT01、IT0、IT1……IT18，等级由高到低，公差值由小到大。

表 3-2-10 标准公差数值表

公称尺寸 mm		标准公差等级																			
		IT01	IT0	IT1	IT2	IT3	IT4	IT5	IT6	IT7	IT8	IT9	IT10	IT11	IT12	IT13	IT14	IT15	IT16	IT17	IT18
大于	至	/μm														/mm					
—	3	0.3	0.5	0.8	1.2	2	3	4	6	10	14	25	40	60	100	0.14	0.25	0.4	0.6	1	1.4
3	6	0.4	0.6	1	1.5	2.5	4	5	8	12	18	30	48	75	120	0.18	0.3	0.48	0.75	1.2	1.8
6	10	0.4	0.6	1	1.5	2.5	4	6	9	15	22	36	58	90	150	0.22	0.36	0.58	0.9	1.5	2.2
10	18	0.5	0.8	1.2	2	3	5	8	11	18	27	43	70	110	180	0.27	0.43	0.7	1.1	1.8	2.7
18	30	0.6	1	1.5	2.5	4	6	9	13	21	33	52	84	130	210	0.33	0.52	0.84	1.3	21	3.3
30	50	0.6	1	1.5	2.5	4	7	11	16	25	39	62	100	160	250	0.39	0.62	1	1.6	2.5	3.9
50	80	0.8	1.2	2	3	5	8	13	19	30	46	74	120	190	300	0.46	0.74	1.2	1.9	3	4.6
80	120	1	1.5	2.5	4	6	10	15	22	35	54	87	140	220	350	0.54	0.87	1.4	2.2	3.5	5.4
120	180	1.2	2	3.5	5	8	12	18	25	40	63	100	160	250	400	0.63	1	1.6	2.5	4	6.3
180	250	1	3	4.5	7	10	14	20	29	46	72	115	185	290	460	0.72	1.15	1.85	2.9	4.6	7.2
250	315	2.5	4	6	8	12	16	23	32	52	81	130	210	320	520	0.81	1.3	2.1	3.2	5.2	8.1
315	400	3	5	7	9	13	18	25	36	57	89	140	230	360	570	0.89	1.4	2.3	3.6	5.7	8.9
400	500	4	6	8	10	15	20	27	40	63	97	155	250	400	630	0.97	1.55	2.5	4	6.3	9.7
500	630	—	—	9	11	16	22	32	44	70	110	175	280	440	700	1.1	1.75	2.8	4.4	7	11

续表

公称尺寸 mm		标准公差等级																		
		IT01	IT0	IT1	IT2	IT3	IT4	IT5	IT6	IT7	IT8	IT9	IT10	IT11	IT12	IT13	IT14	IT15	IT16	IT17	IT18
大于	至	/μm													/mm					
630	800	—	—	10	13	18	25	36	50	80	125	200	320	500	800	1.25	2	3.2	5	8	12.5
800	1000	—	—	11	15	21	28	40	56	90	140	230	360	560	900	1.4	2.3	3.6	5.6	9	14
1000	1250	—	—	13	18	24	33	47	66	105	165	260	420	660	1050	1.65	2.6	4.2	6.6	10.5	16.5
1250	1600	—	—	15	21	29	39	55	78	125	195	310	500	780	1250	1.95	3.1	5	7.8	12.5	19.5
1600	2000	—	—	18	25	35	46	65	92	150	230	370	600	920	1500	2.3	3.7	6	9.2	15	23
2000	2500	—	—	22	30	41	55	78	110	175	280	440	700	1100	1750	2.8	4.4	7	11	17.5	28
2500	3150	—	—	26	36	50	68	96	135	210	330	540	860	1350	2100	3.3	5.4	8.6	13.5	21	33

（2）公差带。由代表上、下偏差的两条线所限定的一个区域（见图 3-2-26）。公差带的意义包括了"公差带大小"与"公差带位置"。国标规定，公差带大小由标准公差来确定。公差带位置由基本偏差来确定。

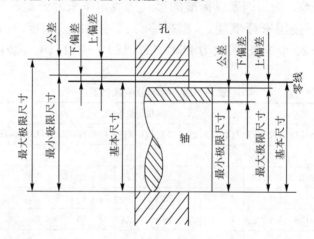

图 3-2-26　孔和轴的公差示意图

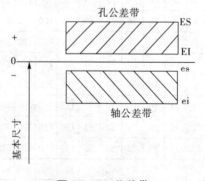

图 3-2-27　公差带

（3）基本偏差。用以确定公差带相对于零线位置的那个极限偏差称为基本偏差。基本偏差的代号用拉丁字母表示，大写字母表示孔，小写字母表示轴。

孔(或轴)各有 28 个基本偏差代号。构成了基本偏差系列,反映了 28 种公差带相对于零线的位置。

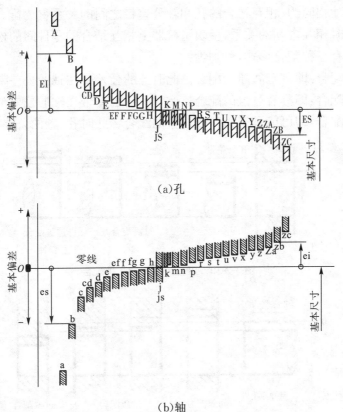

(a)孔

(b)轴

图 3-2-28　基本偏差图

(4)孔、轴的公差带代号。由基本偏差代号和公差等级代号组成。如图 3-2-29 中,基本尺寸为 Φ65 的孔和轴互相配合,H7 为孔的公差带代号(H 为孔的基本偏差代号,7 为孔的公差等级代号),k6 为轴的公差带代号(k 为轴的基本偏差代号,6 为轴的公差等级代号)。公差带在图上的标注有三种形式:只标注公差带代号、只标注极限偏差数值、同时标注公差带代号和极限偏差数值。

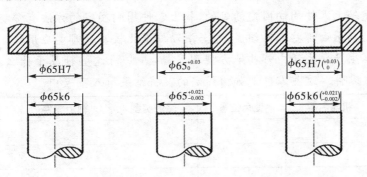

图 3-2-29　公差带的三种标注方法

（二）配合

基本尺寸相同的、相互结合的孔和轴公差带之间的关系称为配合。配合反映了零件组合时相互之间的关系,反映了机器上相互结合的零件间的松紧程度。

孔和轴有三种配合形式,分别为:

①间隙配合:即具有间隙的配合。此时孔的公差带在轴的公差带之上。

②过盈配合:即具有过盈的配合。此时孔的公差带在轴的公差带之下。

③过渡配合:即可能具有间隙或过盈的配合。此时孔、轴的公差带重叠。

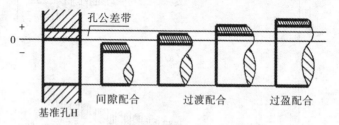

图 3-2-30 以孔为基准的几种配合

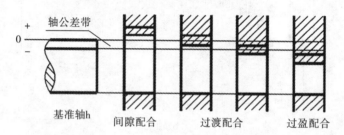

图 3-2-31 以轴为基准的几种配合

课后练习

1. 试述轴的功用。

2. 根据所受载荷不同,轴可以分为哪几类? 举例说明。

3. 试述轴上零件轴向固定的目的,轴上零件轴向固定的方法有哪些?

4. 试述轴上零件周向固定的目的,轴上零件周向固定的方法有哪些?

5. 滚动轴承由哪些零件组成,它与滑动轴承比较具有哪些应用特点?

6. 观察生产和生活中哪些地方使用了轴,并分析这些轴属于什么类型的轴,轴上有哪些零件? 这些零件是如何固定的? 将结果填入下表中。

序号	机器名称	使用位置	轴的类型	轴上零件	零件固定方式
1					
2					
3					

7. 观察生产和生活中哪些地方使用了轴承,把它们在机器中的位置、类型、固

定方式及其润滑方式填入下表中。

序号	机器名称	应用位置	轴承类型	固定方式	润滑方式
1					
2					
3					

8.试分析图示轴系结构图中的6处主要错误。

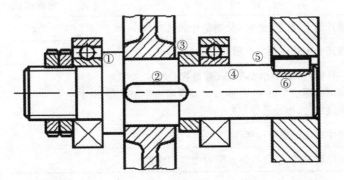

（答题解析：①轴肩高度高于滚动轴承内圈的高度；②键槽长度太长；③齿轮轮毂的长度应大于轴段长度；④轴承无法实现轴向定位；⑤轴段太长，应加以区别；⑥键的上端面应与轮毂键槽有空隙，且应和②键槽位于轴的同一母线上。）

任务 3　连接

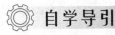 自学导引

一、学习指南

1. 课题名称

连接。

2. 达成目标

(1)认识螺纹的基础知识，螺纹的种类、特点和应用。

(2)掌握螺纹连接的基本类型和常用的螺纹连接的防松方法。

(3)理解键和销的作用及常用键的表示方法。

(4)了解联轴器和离合器的功用、分类及特点。

3. 学习方法建议

从认识机器是由许多零件按确定方式连接而成着手,学生可以先动手拆装减速器,观察其是如何组装一起的,从实际到理论进行学习。

二、学习任务

动手操作、理论与实际相结合,认识连接。

表 3-3-1　学习任务表

序号	任务	完成情况	备注
1	检查减速器上有几种连接,分别是什么		
2	写出减速器中螺纹连接有哪几种类型		
3	选择一种螺栓,利用相关工具,测量螺纹大径和螺距,判断其旋向和螺纹牙型。(有能力的同学可查机械手册,计算出螺纹中径、小径及导程)		
4	减速器中有几种螺纹连接件,分别是什么		
5	找到减速器中的销,分析其是哪种类型销连接		

三、困惑与建议

_____

_____

_____。

 相关知识

一、螺纹连接

螺纹连接是利用螺纹零件将被连接件固定在一起的可拆连接,它具有结构简单、装拆方便及连接可靠等优点,在机械制造和工程结构中应用广泛。大多数螺纹和螺纹零件均已标准化,并有专门工厂生产。

(一)螺纹基本知识

螺纹是指在圆柱表面或圆锥表面上,沿着螺旋线形成的、具有相同断面的连续凸起和沟槽。在圆柱(圆锥)外表面加工出的螺纹称为外螺纹,在圆柱(圆锥)内表面加工出的螺纹称为内螺纹。

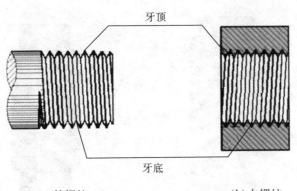

（a）外螺纹　　　　　　　　　　（b）内螺纹

图 3-3-1　外螺纹与内螺纹

1. 大径、中径、小径

（1）大径 d、D

与外螺纹的牙顶或内螺纹的牙底相重的假想圆柱直径（即螺纹的最大直径）。

（2）小径 d_1、D_1

与外螺纹的牙底或内螺纹的牙顶相重合的假想圆柱直径（即螺纹的最小直径）。

（3）中径 d_2、D_2

在大径和小径之间假想一圆柱，其母线通过牙型上沟槽宽度和凸起宽度相等的地方，此假想圆柱称为中径圆柱，其母线称为中径线，其直径称为螺纹的中径。

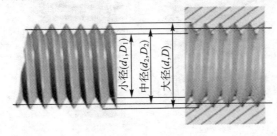

图 3-3-2　螺纹直径

注：代号 $(d、D)$、$(d_1、D_1)$、$(d_2、D_2)$ 中，小写字母代表外螺纹直径，大写字母代表内螺纹直径。

2. 螺距和导程

（1）螺距（代号：P）。螺距为相邻两牙中径线上对应两点间的轴向距离。

（2）导程（代号：P_h）。一条螺旋线形成的螺纹上的相邻两牙，在中径线上对应两点间的轴向距离即为导程。

（3）线数（代号：n）。线数为形成螺纹时的螺旋线的条数。螺纹有单线和多线之分，单线螺纹指沿一条螺旋线形成的螺纹；多线螺纹指沿两条或两条以上螺旋线形成的螺纹。

对于单线螺纹，螺距＝导程，对于多线螺纹，螺距＝导程／线数。

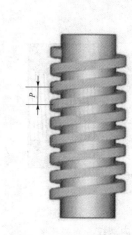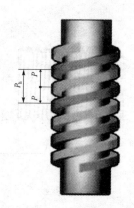

(a)单线螺纹　　　　　(b)多线螺纹

图 3-3-3　单线螺纹与多线螺纹

3.旋向

根据螺旋线的绕行方向,螺纹分为右旋螺纹和左旋螺纹。顺时针旋转时旋入的螺纹,称为右旋螺纹。逆时针旋转时旋入的螺纹,称为左旋螺纹。

一般情况下采用右旋螺纹,只有在特殊情况下才选用左旋螺纹,比如为了防松或防止其他接头混淆使用,如液化气钢瓶接口采用左旋螺纹;或由于旋转方向需要防止螺纹松动采用左旋螺纹,如自行车中轴两头的轴端螺纹,左端是左旋,右端是右旋。

(a)左旋　　　　　(b)右旋

图 3-3-4　左旋与右旋

4. 螺纹牙型

螺纹的牙型有矩形、三角形、梯形和锯齿形等几种,其中用于连接的主要是三角形螺纹,而矩形、梯形和锯齿形螺纹主要用于传动。

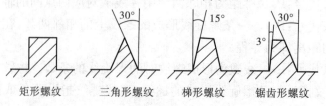

矩形螺纹　　三角形螺纹　　梯形螺纹　　锯齿形螺纹

图 3-3-5　螺纹的牙型

（二）螺纹连接的主要类型

表 3-3-2　螺纹连接的主要类型及特点

类型	结构图	特点及其应用
螺栓连接	普通螺栓连接	被连接件无需切制螺纹，使用不受被连接件材料限制。结构简单，装拆方便，应用广泛。通常用于被连接件不太厚和便于加工通孔的场合。工作时，螺栓受轴向拉力，故常称受拉螺栓连接
螺栓连接	铰制孔用螺纹连接	孔与螺栓杆之间没有间隙，铰制孔螺栓孔与螺杆常采用过渡配合。这种连接能精确固定被连接件的相对位置。适于承受横向载荷，但孔的加工精度要求较高
双头螺柱连接		用于被连接件之一较厚，不宜用螺栓连接，较厚的被连接件强度较差，又需经常拆卸的场合。在厚零件上加工出螺纹孔，薄零件上加工光孔，螺栓拧入螺纹孔中，用螺母压紧薄零件。在拆卸时，只需旋下螺母而不必拆下双头螺柱。可避免大型被连接件上的螺纹孔损坏
螺钉连接		螺栓（或螺钉）直接拧入被连接件的螺纹孔中，不用螺母。结构比双头螺柱简单，紧凑。用于两个被连接件中一个较厚，但不需经常拆卸的场合
紧定螺钉连接		利用拧入零件螺纹孔中的螺纹末端顶住另一零件的表面或顶入另一零件上的凹坑中，以固定两个零件的相对位置。这种连接方式结构简单，有的可任意改变零件在周向或轴向的位置，以便调整，如电器开关旋钮的固定

（三）螺纹连接件

螺纹连接件包括螺栓、双头螺柱、螺钉、螺母和垫圈等。常用的螺纹连接件都已标准化，其形状和尺寸在国家标准中都有规定，使用时可按标准选择。

1. 螺栓

螺栓由螺栓头和螺杆构成。螺栓头一般为六角形，螺杆可制成全螺纹或部分螺纹，如图 3-3-6(a)所示。图 3-3-6(b)所示为铰制孔用螺栓，其光杆部分直径较大，精度也较高，它主要用来承受横向载荷，并能精确固定被连接件的相对位置。

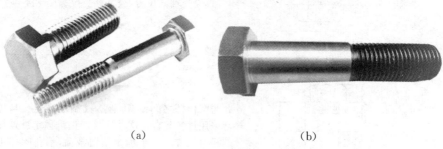

（a）　　　　　　　　　　　（b）

图 3-3-6　螺栓

2. 双头螺柱

双头螺柱的两端均有螺纹，中部为光杆，分为 A 型和 B 型两种。A 型的两端有倒角，光杆部分和螺纹直径一般大小，如图 3-3-7(b)所示。B 型的螺纹是辗制而成的，两端为平端，光杆部分的直径略细于螺纹直径，如图 3-3-7(d)所示。

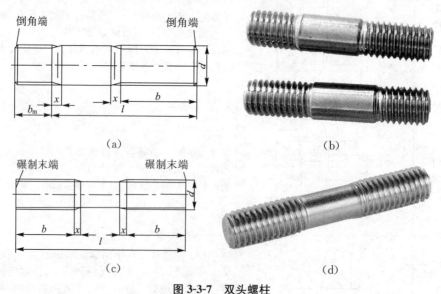

（a）　　　　　　　　　　　（b）

（c）　　　　　　　　　　　（d）

图 3-3-7　双头螺柱

3. 螺钉

根据用途不同，可将螺钉分为连接螺钉和紧定螺钉。

（1）连接螺钉的螺杆部分与螺栓相同，其头部形状较多，以适应不同的需要。

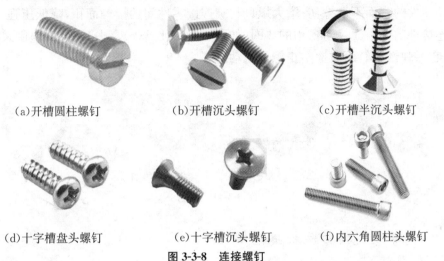

(a)开槽圆柱螺钉　　　　　(b)开槽沉头螺钉　　　　(c)开槽半沉头螺钉

(d)十字槽盘头螺钉　　　　(e)十字槽沉头螺钉　　　(f)内六角圆柱头螺钉

图 3-3-8　连接螺钉

（2）紧定螺钉的头部和尾部结构形式也较多，一般情况下沿螺杆全长都切有螺纹。

（a)实物图　　　　　　　　(b)装配图

图 3-3-9　紧定螺钉

4.螺母

螺母的形状很多，常用的为六角螺母和圆螺母。图 3-3-10(a)所示为六角螺母，按厚度可分为标准螺母和薄螺母。标准螺母又分为Ⅰ型和Ⅱ型，Ⅱ型比Ⅰ型厚，薄螺母用于轴向尺寸受到限制或载荷较小的场合。图 3-3-10(b)所示为开槽六角螺母，它与防松零件配合使用可防止螺母松动。图 3-3-10(c)所示为圆螺母，沿圆周的四个缺口供装拆和配合止动垫圈使用。

(a)六角螺母　　　　　(b)开槽六角螺母　　　　　(c)圆螺母

图 3-3-10　螺母

5.垫圈

按垫圈的用途分，垫圈可分为衬垫用垫圈和防松用垫圈。衬垫用垫圈为平垫圈(如图 3-3-11(a)),可分为普通型和倒角型两种。使用平垫圈是为了保护被连接件零件的表面不被擦伤;增大螺母与被连接零件间的接触面积,降低压强;遮盖被连接件的不平面。防松用的垫圈(如图 3-3-11(b)、(c)、(d))中弹簧垫圈最为常见,它靠弹性及斜面摩擦防止螺母松动。

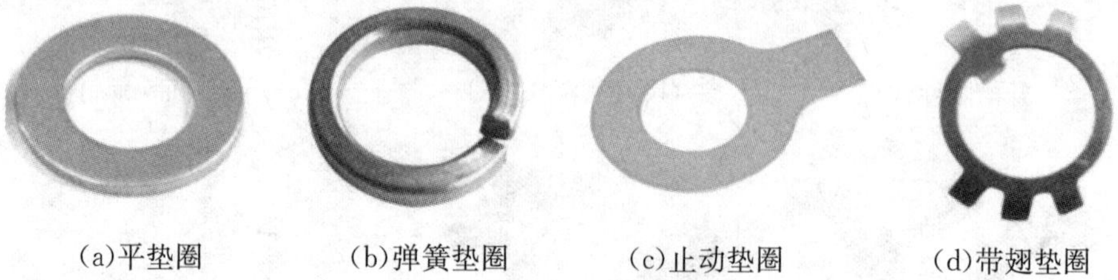

(a)平垫圈　(b)弹簧垫圈　(c)止动垫圈　(d)带翅垫圈

图 3-3-11　垫圈

(四)螺纹连接的防松措施

螺纹连接一般能满足自锁的要求(尤其是细牙螺纹),但在冲击、振动的作用下,连接螺母会逐渐松脱。常用的螺纹连接防松措施有增大摩擦力和机械防松等。

表 3-3-3　螺纹连接的防松措施

分类		结构形式	特点及应用
摩擦力防松	弹簧垫圈	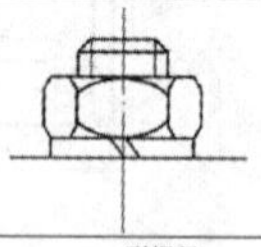	弹簧垫圈材料为弹簧钢,装配后垫圈被压平,其反弹力能使螺纹间保持压紧摩擦力。结构简单,应用方便,广泛用于一般连接
	对顶螺母	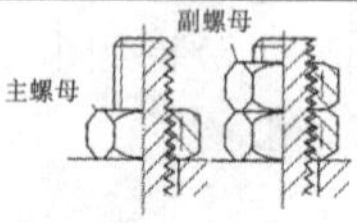	利用两螺母的对顶作用使螺栓始终受到附加的拉力和附加的摩擦力。适用于平稳、低速和重载的连接
	尼龙圈锁紧螺母	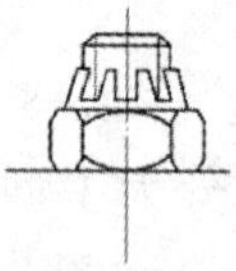	螺母中嵌尼龙圈,拧上后尼龙圈内孔被胀大,箍紧螺栓,横压紧螺纹来防松。结构简单,防松可靠,适用于较重要连接
机械防松	六角开槽螺母和开口销	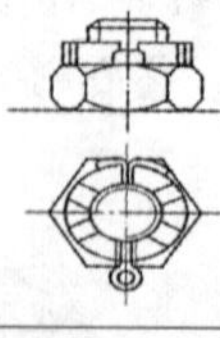	六角开槽螺母拧紧后,用开口销穿过螺栓尾部小孔和螺母的槽,再将销尾部分开,使螺母锁紧在螺栓上。适用于有较大冲击、振动的高速机械中的连接
	止动垫圈	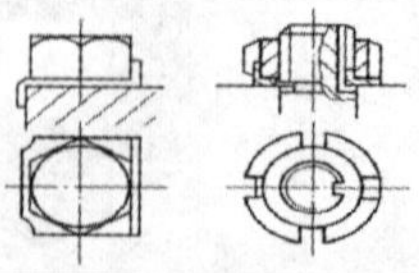	将垫圈套入螺栓,使其下弯的外舌放入被连接件的小槽中,再拧紧螺母,后将另一边向上弯,使之和螺母的一边贴紧。结构简单,使用方便,防松可靠
	串联钢丝	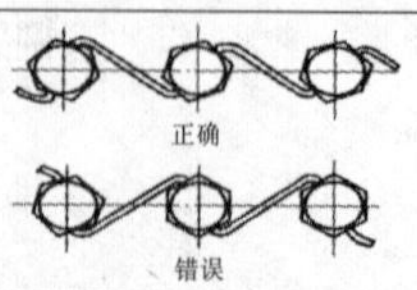	用低碳钢丝穿入螺钉头孔内,将各螺钉串联起来,使其相互约束。适用于螺钉组连接,防松可靠,但装拆不便

续表

分类		结构形式	特点及应用
破坏螺纹副运动关系	端铆冲点焊接胶合	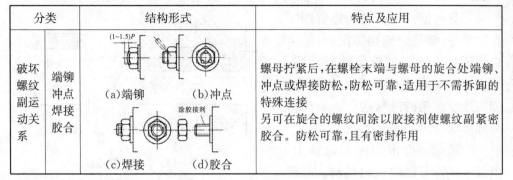 (a)端铆　(b)冲点 (c)焊接　(d)胶合	螺母拧紧后,在螺栓末端与螺母的旋合处端铆、冲点或焊接防松,防松可靠,适用于不需拆卸的特殊连接 另可在旋合的螺纹间涂以胶接剂使螺纹副紧密胶合。防松可靠,且有密封作用

二、键连接与销连接

键连接是轴上零件(如带轮、齿轮等)周向固定经常采用的一种连接方式。这种连接结构简单,工作可靠,装拆方便,因此获得了广泛的应用。

销连接用于固定零件的相对位置、用于轴毂间或其他零件间的连接,还可充当过载剪断元件。

(一)键连接

键连接可分为平键、半圆键、楔键和切向键等类型,且已标准化。

1. 平键连接

平键的两侧面是工作面,与键槽配合,工作时靠键与键槽侧面互相挤压传递扭矩。平键连接结构简单、工作可靠、装拆方便、对中性好,但不能实现轴上零件轴向固定。

平键按用途可分为普通平键、导向键和滑键。

(1)普通平键。普通平键用于静连接,即轴与轮毂间无相对移动的连接。普通平键按端部形状可分为 A 型(圆头)、B 型(方头)和 C 型(单圆头)三种。圆头平键在键槽中固定良好,键槽在轴上引起的应力集中较大。方头平键的键槽在轴上的应力集中较小,不利于键的固定。尺寸大的键要用紧定螺钉压紧在键槽中。单圆头平键用于轴端与轮毂的连接。普通平键应用最广,它适用于高精度、高速或冲击、变载荷情况下的静连接。

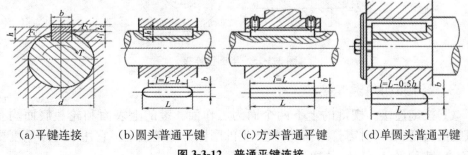

(a)平键连接　(b)圆头普通平键　(c)方头普通平键　(d)单圆头普通平键

图 3-3-12　普通平键连接

（2）导向平键和滑键。二者都用于动连接，即轴与轮毂间有相对移动的连接。

①导向键。导向键用螺钉固定在轴槽中，键与毂槽间隙配合，轴上带毂零件能沿导向键作轴向滑移。适用于轴向移动距离不大的场合。如机床变速箱的滑移齿轮。导向键端部形状有 A 型和 B 型两种。

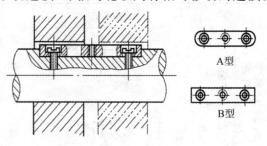

A型

B型

图 3-3-13　导向平键连接

②滑键。滑键固定在轮毂上，带毂零件带着键做轴向移动。滑键用于轴上零件在轴上移动距离较大的场合，以免使用长导向键。

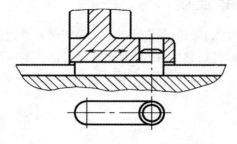

图 3-3-14　滑键连接

（3）键的尺寸选择。键的尺寸取决于所在轴的直径大小，可以从相关的机械设计手册查出普通平键与轴径对应的键宽和键高，而键长一般比轴上轮毂的宽度短 5～10 mm。

2. 半圆键连接

键的两侧面为工作面。半圆键能在轴槽中摆动，以适应毂槽底面的倾斜。半圆键连接用于静连接时，定心性好，装配方便，但键槽较深，对轴的强度削弱较大。主要用于轻载荷和锥形轴端。

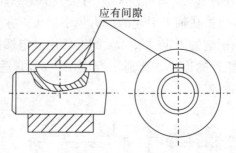

应有间隙

图 3-3-15　半圆键连接

3. 楔键和切向键连接

（1）楔键连接。楔键的上下两个面为工作面。键的上表面和轮毂底面均有1:100的斜度，装配时需打入，靠楔紧产生的摩擦力传递扭矩。它用于传动精度要求不高、载荷平稳、低速、传递较大转矩的场合。

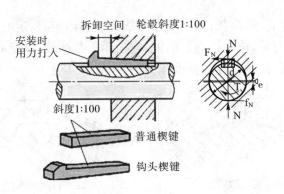

图 3-3-16　楔键连接

（2）切向键连接。切向键是由一对具有斜度 1∶100 的楔键组成。装配时，两键的斜面相互贴合，共同楔紧在轴毂之间，上下两个相互平行的窄面为工作面。切向键承载能力很大，但对中性差，键槽对轴的强度削弱较大，适用于对中要求不严，载荷很大，直径较大轴的连接。

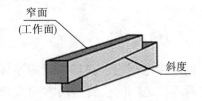

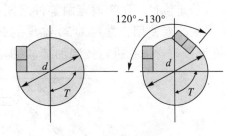

图 3-3-17　切向键连接

（二）花键连接

花键连接是由周向均布多个键齿的花键轴和多个键槽的花键毂构成的连接。花键连接具有以下特点：由于其工作面为均布多齿的齿侧面，故承载能力高；轴上零件和轴的对中性好；导性好，键槽浅，齿根应力集中小，对轴和毂的影响小；但加工时需要专用设备，精度要求高，成本高。

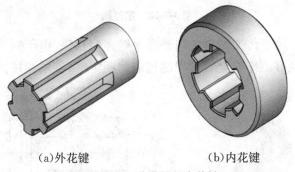

（a）外花键　　　　　　（b）内花键

图 3-3-18　外花键与内花键

（1）矩形花键。矩形花键的齿侧为直线，加工方便，能用磨削方法获得较高精度。其导向性好，定心精度高，稳定性好，因此应用广泛。

（2）渐开线花键。渐开线花键的齿廓为渐开线，因此具有以下特点：工艺性好，可利用加工齿轮的方法加工渐开线花键；齿根较厚，齿根圆较大，应力集中较

93

小,所以连接强度高、寿命长;采用了渐开线齿侧自动定心,定心精度高,但加工小尺寸的花键孔拉刀时,成本较高。因此,它适用于载荷较大,定心精度要求高和尺寸较大的连接。渐开线花键的标准压力角为 30° 和 45°。

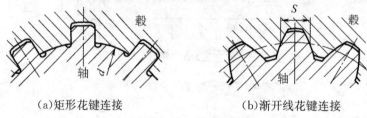

(a)矩形花键连接　　　　　　　　(b)渐开线花键连接

图 3-3-19　花键连接

(三)销连接

销连接也可用于轴与轮毂的连接,但只能用于传递不大的力或转矩,常用于确定两零件之间的位置。销常用 Q235 钢或 35 钢制成,均为标准件。

(1)定位销。用于确定两零件之间的相互位置,连接中只承受较小的横向载荷,一般配对使用。常用 1:50 锥度的圆锥销,以小端直径为标准值。装配前,应用锥形铰刀对锥孔进行铰制加工,以提高配合精度。适用于不经常拆卸的场合。

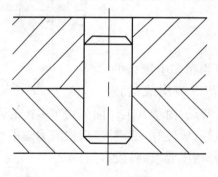

图 3-3-20　定位销

(2)连接销。用于传递转矩。与普通平键连接相比,由于断面尺寸较小,传递的载荷也较小,也可用作安全装置中的过载剪断零件,常用圆柱销。

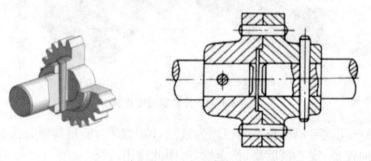

图 3-3-21　连接销

知识拓展

一、联轴器

联轴器是机械传动中常用部件,用来连接两根轴,或连接轴和回转件,使它们一起回转,传递转矩和运动。在机器运转过程中,两轴或轴、回转件不能分开,只有在机器停止运转后用拆卸的方法才能将它们分开。有的联轴器还可以用做安全装置,保护被连接的机械零件不因过载而损坏。例如,卷扬机传动系统中,联轴器将电机轴与减速器连接起来并传递扭矩及运动。

(一)联轴器的分类

联轴器按结构特点不同,可分为刚性联轴器和挠性联轴器两大类。挠性联轴器可分为无弹性元件联轴器和有弹性元件联轴器两类。常用联轴器分类如下:

联轴器 { 刚性联轴器:凸缘联轴器、套筒联轴器、夹壳联轴器
挠性联轴器 { 有弹性元件联轴器:弹性套柱销联轴器、弹性柱销联轴器
无弹性元件联轴器:万向联轴器、滑块联轴器、齿轮联轴器

(二)各类联轴器的结构特点及应用

各类联轴器的结构特点及应用如表 3-3-4 所示。

表 3-3-4　联轴器的结构特点及应用

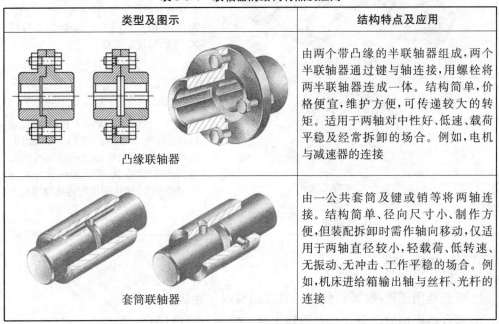

类型及图示	结构特点及应用
凸缘联轴器	由两个带凸缘的半联轴器组成,两个半联轴器通过键与轴连接,用螺栓将两半联轴器连成一体。结构简单,价格便宜,维护方便,可传递较大的转矩。适用于两轴对中性好、低速、载荷平稳及经常拆卸的场合。例如,电机与减速器的连接
套筒联轴器	由一公共套筒及键或销等将两轴连接。结构简单、径向尺寸小、制作方便,但装配拆卸时需作轴向移动,仅适用于两轴直径较小、轻载荷、低转速、无振动、无冲击、工作平稳的场合。例如,机床进给箱输出轴与丝杆、光杆的连接

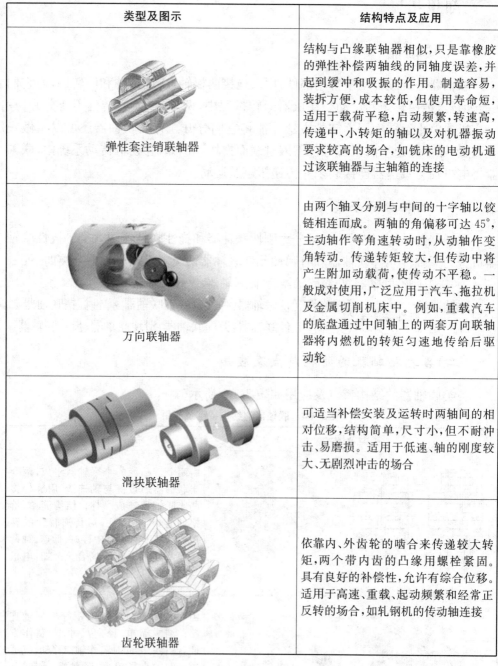

类型及图示	结构特点及应用
弹性套注销联轴器	结构与凸缘联轴器相似,只是靠橡胶的弹性补偿两轴线的同轴度误差,并起到缓冲和吸振的作用。制造容易,装拆方便,成本较低,但使用寿命短,适用于载荷平稳,启动频繁,转速高,传递中、小转矩的轴以及对机器振动要求较高的场合,如铣床的电动机通过该联轴器与主轴箱的连接
万向联轴器	由两个轴叉分别与中间的十字轴以铰链相连而成。两轴的角偏移可达45°,主动轴作等角速转动时,从动轴作变角转动。传递转矩较大,但传动中将产生附加动载荷,使传动不平稳。一般成对使用,广泛应用于汽车、拖拉机及金属切削机床中。例如,重载汽车的底盘通过中间轴上的两套万向联轴器将内燃机的转矩匀速地传给后驱动轮
滑块联轴器	可适当补偿安装及运转时两轴间的相对位移,结构简单,尺寸小,但不耐冲击、易磨损。适用于低速、轴的刚度较大、无剧烈冲击的场合
齿轮联轴器	依靠内、外齿轮的啮合来传递较大转矩,两个带内齿的凸缘用螺栓紧固。具有良好的补偿性,允许有综合位移。适用于高速、重载、起动频繁和经常正反转的场合,如轧钢机的传动轴连接

二、离合器

离合器用于连接两轴,使两轴共同回转以传递运动和转矩。

离合器连接的两轴在机器运转中能方便地分离或结合。

常用的离合器有:嵌入式离合器和摩擦式离合器。

(1)嵌入式离合器。嵌入式离合器工作可靠、外轮廓尺寸小、动作准确、操作方便,但须在低速或停车时进行接合,以免打牙。

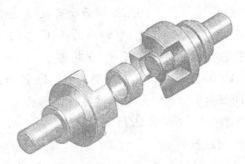

图 3-3-22　嵌入式离合

(2)摩擦式离合器。摩擦式离合器分为单片式和多片式。单片式径向尺寸大,只能传递不大的转矩;多片式传递的转矩大,径向尺寸小,但结构复杂。

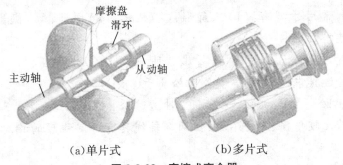

(a)单片式　　　　　　　(b)多片式

图 3-3-23　摩擦式离合器

课后练习

一、判断题

1.花键连接通常用于要求轴与轮毂严格对中的场合。　　　　　　　(　　)

2.圆柱销和圆锥销都是靠过盈配合固定在销孔中的。　　　　　　　(　　)

3.楔键连接能使轴上零件轴向固定,且能使零件承受双向的轴向力,但定心精度不高。　　　　　　　　　　　　　　　　　　　　　　　　(　　)

4.螺纹连接是连接的常见形式,是一种不可拆连接。　　　　　　　(　　)

5.普通螺纹的牙型角为 $60°$。　　　　　　　　　　　　　　　　(　　)

6.联轴器主要用于把两轴连接在一起,机器运转时不能将两轴分离,只有在机器停车并将连接拆开后,两轴才能分离。　　　　　　　　　　　　(　　)

7.摩擦离合器具有一定的安全保护作用。　　　　　　　　　　　(　　)

8.固定式刚性联轴器适用于两轴对中性不好的场合。　　　　　　　(　　)

9.离合器和联轴器一样,只有在停车时才能分离或连接。　　　　　(　　)

10.万向联轴器允许被连接的两轴间有较大的角偏移。　　　　　　(　　)

二、单选题

1. 平键连接中,材料强度软弱的零件主要失效形式是(　　　)。

97

A. 工作面的疲劳压溃　　　　B. 工作面的挤压压溃

C. 工作面的压缩破裂　　　　D. 工作面受剪切断裂

2. 普通平键有圆头(A 型)、平头(B)型和单圆头(C 型)三种型式,当轴的强度足够,键槽位于轴的中间部位时,应选择(　　)为宜。

A. A 型　　　B. (B)型　　　C. (C)型　　　D. B 型或 C 型

3. 普通平键连接的强度计算中,A 型平键有效工作长度 l 应为(　　)。

A. $l=L$　　　B. $l=L-b$　　　C. $l=L-b\backslash2$　　　D. $l=L-2b$

4. 常用(　　)材料制造圆锥销。

A. Q235　　　B. 45 钢　　　C. HT200　　　D. T8A

5. 若需传递双向转矩,在轴上安装切向键时,则两个切向键宜互成(　　)。

A. 60°~90°　　　　　　　B. 90°~120°

C. 120°~135°　　　　　　D. 135°~150°

6. 螺纹的常用牙型有:(1)三角形、(2)矩形、(3)梯形、(4)锯齿形,其中有(　　)用于连接。

A. 1 种　　　B. 2 种　　　C. 3 种　　　D. 4 种

7. 在螺栓连接中,采用弹簧垫圈防松属于(　　)。

A. 摩擦防松　　B. 机械防松　　C. 冲边防松　　D. 黏结防松

8. 在载荷比较平稳、冲击不大、但两轴轴线具有一定程度的相对偏移量的情况下,通常宜采用(　　)。

A. 套筒联轴器　　　　　　B. 凸缘联轴器

C. 夹壳联轴器　　　　　　D. 滑块联轴器

9. 弹性柱销联轴器属于(　　)联轴器。

A. 刚性　　　　　　　　　B. 无弹性元件挠性

C. 有弹性元件挠性　　　　D. 其他类型

10. 自行车后轮的棘轮机构相当于一个离合器,它是(　　)。

A. 牙嵌式离合器　B. 摩擦离合器　C. 超越离合器　D. 安全离合器

11. 对于工作中载荷平稳,不发生相对位移,转速稳定且对中性好的两轴宜选用(　　)。

A. 固定式联轴器　　　　　B. 可移式联轴器

C. 弹性联轴器　　　　　　D. 滑块联轴器

12. 对被连接两轴间的偏移具有补偿能力的联轴器是(　　)。

A. 凸缘联轴器　　B. 弹性联轴器　　C. 安全联轴器　　D. 套筒联轴器

三、简答题

1. 普通平键连接的优点是什么? 键的标记方法如键 $20\times12\times125$ GB/T 1096 的含义是什么? 键的尺寸是根据什么来确定的?

2. 螺纹连接有哪几种类型? 各适合什么场合?

3. 螺纹连接为什么会松动? 常用的防松方法有哪几种?

4.平键连接的特点是什么？分几种类型？

5.花键根据键齿的形状分为哪几种？

6.试述联轴器、离合器和制动器的功能？

7.常用的联轴器有哪些类型？

8.常用的离合器有哪些类型？

任务 4 箱体

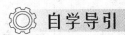 自学导引

一、学习指南

1.课题名称

减速器箱体。

2.达成目标

(1)认识箱体的结构及用途。

(2)了解机械密封的种类、特点及用途。

(3)了解机械污染产生的原因及可采取的有效措施。

3.学习方法建议

先收集减速器箱体作用、所用材料及加工方法等进行自主学习，而后结合老师的讲解进一步学习。

二、学习任务

分辨箱体结构及附属装置，认识机械密封的作用，能够根据工作条件正确使用密封装置，能理解机械污染与安全防护常识。

表 3-4-1 学习任务表

序号	任务	完成情况	备注
1	减速器箱体的作用		
2	拆下减速器箱体上的附属装置并写下它们各自的名称及作用		
3	减速器箱体一般选用什么材料		
4	钢的热处理是什么		
5	"三废"指那些废物		

三、困惑与建议

_____

_____

。

 相关知识

一、箱体

（一）箱体简介

减速器箱体在整个减速器总成中起支撑和连接的作用，它把各个零件连接起来，支撑传动轴，保证各传动机构的正确安装。减速器箱体加工质量的优劣，将直接影响到轴和齿轮等零件位置的准确性，也会影响减速器的寿命和性能。

减速器箱体是典型的箱体类零件，其结构和形状复杂，壁薄，为了增加其强度，外部加有很多加强筋。箱体上有精度较高的多个平面、轴承孔，螺孔等需要加工，但是箱体本身刚度较差，切削中受热大，所以易产生震动和变形。

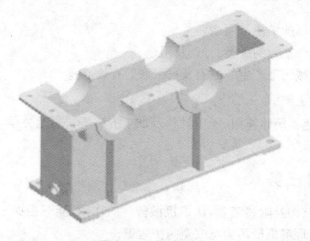

图 3-4-1　减速器箱体

（二）箱体加工方法

箱体一般用铸铁制造。铸造方法种类繁多，一般按生产方法大体分为两类：

（1）砂型铸造。砂型铸造的铸型是以型砂或芯砂作为造型材料制造而成的。这种方法生产成本低，适应性强，因此是应用最广，最基本的铸造方法。

（2）特种铸造。特种铸造即除砂型铸造以外的所有铸造方法。这些方法分别在某一方面与砂型铸造有较大区别，因而具有许多优点。常用的特种铸造方法有金属型铸造，熔模铸造，压力铸造，低压铸造和离心铸造等。

根据减速器箱体的作用和使用性能,通常选择铸造成型中的砂型铸造来铸造。

(三)箱体材料选择

由于减速器箱体抗拉强度小于200MPa,它的外形与内形相对比较复杂,而且它只是用来起连接作用和支撑作用的,综合考虑,我们可以选用灰口铸铁(HT200)制造减速器的箱体。灰口铸铁断口呈灰色,具有良好的铸造性能,切削加工性好,熔化配料简单,成本低,被广泛用于制造结构复杂的铸件和耐磨件。又由于含有润滑作用的石墨,而石墨掉落后的空洞能吸附和储存润滑油,因此选用灰口铸铁制造箱体能使铸件具有良好的耐磨性。

此外,如果没有 HT200,可以选择45号钢,经正火或退火处理就可以达到需要的强度和韧性。对于重载或有冲击载荷的减速器也可以采用铸钢箱体。单件生产的减速器,为了简化工艺、降低成本,可采用钢板焊接的箱体。

(四)箱体上的附属零件

(1)窥视孔和窥视孔盖。在减速器上部开窥视孔,可以看到传动零件啮合处的情况,以便检查齿面接触斑点和齿侧间隙。润滑油也由此注入机体内。窥视孔上有盖板,以防止污物进入机体内和润滑油飞溅出来。

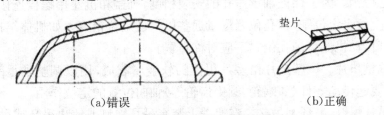

(a)错误　　　　　　　　　　　　(b)正确

图 3-4-2　窥视孔和窥视孔盖

(2)放油螺塞。减速器底部设有放油孔,用于排出污油,注油前用螺塞堵住。

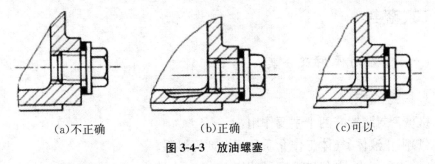

(a)不正确　　　　　　(b)正确　　　　　(c)可以

图 3-4-3　放油螺塞

(3)油标。油标用来检查油面高度,以保证有正常的油量。油标有各种结构类型,有的已定为国家标准件。

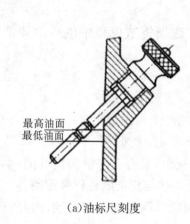

最高油面
最低油面

（a）油标尺刻度　　　　　　　（b）不正确　　　　　　　（c）正确

图 3-4-4　油标

（4）通气罩。减速器运转时，由于摩擦发热，使机体内温度升高，气压增大，导致润滑油从缝隙（如剖面、轴外伸处间隙）向外渗漏。所以多在机盖顶部或窥视孔盖上安装通气罩，使机体内热涨气体自由逸出，达到机体内外气压相等，提高机体有缝隙处的密封性能。

（5）启盖螺钉。机盖与机座接合面上常涂有水玻璃或密封胶，联结后接合较紧，不易分开。为便于取下机盖，在机盖凸缘上常装有 1～2 个启盖螺钉，在启盖时，可先拧动此螺钉顶起机盖。在轴承端盖上也可以安装启盖螺钉，以便于拆卸端盖。

（6）定位销。为了保证轴承座孔的安装精度，机盖和机座用螺栓连接后，在镗孔之前装上两个定位销，销孔位置尽量远些以保证定位精度。如机体结构是对称的（如蜗杆传动机体），销孔位置不应对称布置。

（7）调整垫片。调整垫片由多片很薄的软金属制成，用以调整轴承间隙。有的垫片还要起传动零件（如蜗轮、圆锥齿轮等）轴向位置的定位作用。

（8）吊耳螺钉、吊环和吊钩。在机盖上装有吊耳螺钉或铸出吊环或吊钩，用以搬运或拆卸机盖；在机座上铸出吊钩，用以搬运机座或整个减速器。

二、密封

（一）密封的作用及分类

1. 密封的作用

机械密封装置有两个主要作用：

（1）阻止液体、气体工作介质和润滑剂等泄漏。

（2）防止灰尘、水分进入润滑部位。

2. 密封的分类

按接合面的相对状态划分，密封可分为相对静止接合面的静密封和相对运动接合面的动密封两大类。实现静密封的方法有：将结合面加工平整、加垫或密封胶。

按密封件与其相对运动零件是否接触,密封可以分为接触式密封和非接触式密封两类。

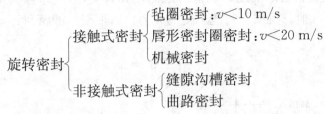

$$旋转密封\begin{cases}接触式密封\begin{cases}毡圈密封:v<10\ m/s\\唇形密封圈密封:v<20\ m/s\\机械密封\end{cases}\\非接触式密封\begin{cases}缝隙沟槽密封\\曲路密封\end{cases}\end{cases}$$

(二)接触式密封

常见的接触式密封有毡圈密封、唇形密封圈密封和机械密封三种。

1. 毡圈密封

如图 3-4-5 所示,将毛毡制成密封条挤入轴承盖的密封凹槽圈内,与轴之间达到阻止润滑剂泄漏的作用。应用在压力较小、线速度小于 10 m/s 的场合,如减速器的密封。其特点是结构简单,成本低。

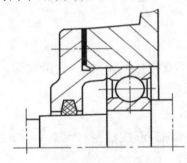

图 3-4-5　毡圈密封

2. 唇形密封圈密封

密封圈用耐油橡胶、塑料等弹性材料制成。橡胶密封圈具有一定的强度,能承受较大的压力,一般可达 2.5 MPa。一般用于线速度小于 20 m/s 的场合。安装时需注意橡胶密封圈的唇口要对准压力较高的箱体内,才能起到密封的效果。唇形密封圈密封的摩擦阻力要比毡圈密封大一些。

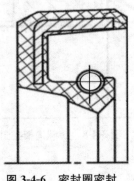

图 3-4-6　密封圈密封

3.机械密封

如图 3-4-7 所示。橡胶密封圈的动环和静环之间用弹簧支撑,使摩擦面保持一定的压力,防止润滑剂外泄。机械密封能承受的压力比唇形密封圈密封还要大一些。

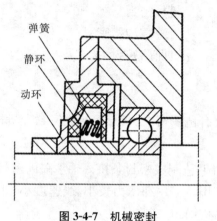

弹簧

静环

动环

图 3-4-7　机械密封

(三)非接触式密封

轴与静止的机座之间不直接接触,存在一定的间隙。常见的非接触式密封有缝隙沟槽密封和曲路密封。

1.缝隙沟槽密封

在端盖内孔挖几个圆弧槽,形成油封($\delta=0.1\sim0.3$ mm),如图 3-4-8 所示。其中,圆弧槽密封最为常用。

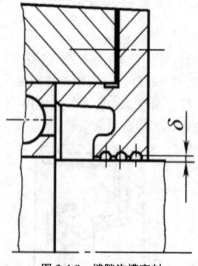

δ

图 3-4-8　缝隙沟槽密封

2.曲路密封

将旋转的零件与固定的密封零件之间做成迷宫(曲路),如图 3-4-9 所示即为曲路密封。这种密封能承受的压力很小。

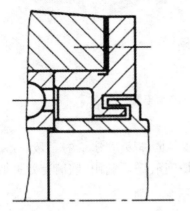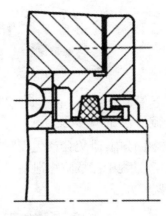

图 3-4-9　曲路密封

三、机械环保

(一)机械环保常识

1.机械对环境的污染

环境污染按性质可分为化学污染、物理污染和生物污染。部分机械产品在工作时会产生噪音等物理污染,使用过的润滑油、机油、金属切削液等发生泄漏时,会对环境产生化学污染。

2.机械振动与噪音的控制

机械振动与噪音的控制方法有:

(1)消除振动。消除振动产生的根源。

(2)减震。不能消除根源的,只能采取防护措施,如用弹簧来消除振动,挖防振沟阻止振动波的传递。

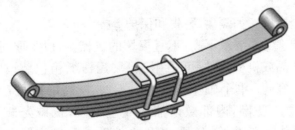

图 3-4-10　板簧

(3)消除噪音源。远离噪声源,如把空压机搬到较远的地方。

(4)消声器。常用消声器,如汽车的消声装置,采用隔音板阻挡噪声的传递。

图 3-4-11　汽车消声器

3.机械三废的减少及回收

在机械生产中,难免会产生废气、废水与固体废弃物,合称三废。

(1)生产过程中注意防止泄漏,采用切削液循环利用,铁屑有效回收,在机床上设置油盘等方法。

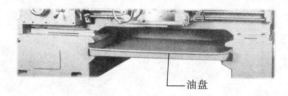

图 3-4-12　机床床身

(2)采用高效发动机,提高燃料利用率;不轻易使用丙酮、氯仿、氟利昂、汽油等挥发性清洗剂;不在生产区焚烧废弃物等都是减少废气的有效手段。

(3)三废又可称为"放在错误地点的原料",不能再使用的切削液、更换下来的机油、机械设备用过的电池集中保存,送专门部门集中处理。将其回收利用,变废为宝。不可随意倒入下水道或随意丢弃。

(二)机械安全防护措施

机械安全防护措施以保证人身安全为前提条件,合理使用机械设备,可以从以下几方面入手:

(1)安全制度建设。

(2)采用安全措施。如隔离、警告和保护等措施。

(3)合理包装。①对要求不高、不宜损坏的机械,可以采取简易包装;对体积小、轻质的机械产品或机械零件,可采用纸盒、瓦楞纸箱包装或塑料袋、塑料盒包装,如小螺钉、螺母、单个轴承等。②对要求较高的机械产品采用木盒包装,包装箱要求防水防潮,内部敷设油毡或塑料膜;机械先选用塑料袋包装,放入干燥剂后再装入包装箱;较重的机械还要考虑包装箱的强度,在吊装和货运过程中不至于损坏;包装箱要有明显标识,表明产品名称、重量、生产单位、放置要求等内容。

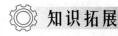 **知识拓展**

一、工程材料

工程材料是指用于机械、车辆、船舶、建筑、化工、能源等工程领域中的材料。按化学组成的不同有金属材料、高分子材料、陶瓷材料和复合材料四大类。

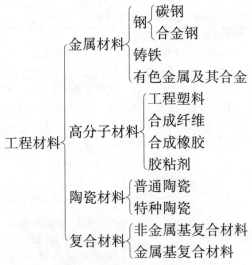

金属材料的性能包括物理、化学性能、力学性能和工艺性能。研究金属材料的性能主要指研究其力学性能,包括强度、塑性、硬度、冲击韧性和疲劳强度等,这是因为它涉及材料的安全性和使用寿命。

(一)碳素钢

按碳的质量分数划分,碳素钢可分为低碳钢($\omega_C < 0.25\%$)、中碳钢($\omega_C = 0.25\% \sim 0.60\%$)、高碳钢($\omega_C > 0.60\%$);按钢中有害杂质元素硫、磷的质量分数划分,碳素钢可分为普通质量钢、优质钢和高级优质钢。

1.碳素结构钢

碳素结构钢表示方法有 Q(屈服点"屈"字的汉语拼音首字母)、屈服极限数值、质量等级符号及脱氧方法符号四部分组成。A、B、C、D 表示质量等级。例如 Q235AF,即表示屈服点为 235 N/mm² 、A 等级质量、沸腾钢(F)。常用的有 Q235 等。

2.优质碳素结构钢

优质碳素结构钢用两位数字表示。例如 45 钢,表示平均 $\omega_C = 0.45\%$。

15、20、25 钢强度较低,塑性和韧性较高,可以制造各种受力不大,要求高韧性的零件。

30、35、40、45、50、55 钢经淬火和高温回火后,具有良好的综合力学性能,主要用于要求强度、塑性和韧性都较高的机械零件,如轴类零件,其中以 45 钢较为突出。

65 钢属于弹簧钢,主要用于制造弹簧等弹性零件及耐磨零件。

3. 碳素工具钢

碳素工具钢以"T"表示。碳素工具钢分优质和高级优质两类,高级优质钢在数字后面加"A",例如 T8A 钢,表示平均 $\omega_C = 0.8\%$ 的高级优质碳素工具钢。常用碳素工具钢的牌号、化学成分及用途见表 3-4-2。

表 3-4-2　常用碳素工具钢的牌号、化学成分及用途

牌号	化学成分(%)			退火状态 HBW 不大于	试样淬火温度 HBC 不小于	用途举例
	ω_c	ω_{Si}	ω_{Mn}			
T8 T8A	0.75～0.84	≤0.35	≤0.40	187	780～800℃ 水冷 62	承受冲击、要求较高硬度的工具,如冲头、压缩空气工具、木工工具
T10 T10A	0.95～1.04	≤0.35	≤0.40	197	760～780℃ 水冷 62	不受剧烈冲击、要求高硬度、高耐磨性的工具,如车刀、刨刀、冲头、丝锥、钻头、手锯头、小型冷冲模
T12 T12A	1.15～1.24	≤0.35	≤0.40	207	760～780℃ 水冷 62	不受冲击、要求高硬度、高耐磨性的工具,如锉刀、刮刀、精车刀、丝锥、量具

4. 铸造碳钢

铸造碳钢一般用于制造形状复杂、机械性能要求比铸铁高的零件,例如水压机横梁、轧钢机机架、重载大齿轮等,用"ZG"代表铸钢,例如 ZG200－400,表示屈服强度 $\delta(\delta_{0.2}) \geqslant 200$ N/mm²,抗拉强度 $\delta_b \geqslant 400$ N/mm² 的铸造碳钢件。

(二)合金钢

按碳的质量分数划分,合金钢可分为低合金钢($\omega_C < 0.5\%$)、中合金钢($\omega_C = 0.5\% \sim 1.0\%$)、高合金钢($\omega_C > 1.0\%$);按钢中合金元素分为锰钢、铬钢、硼钢、铬镍钢、铬锰钢等;按用途分为合金结构钢、合金工具钢和特殊性能钢。

1. 低合金高强度结构钢

例如 Q390A,表示屈服强度 $\delta = 390$ N/mm²、质量等级 A 的低合金高强度结构钢。Q345 钢应用最广,如长江大桥钢结构件、汽车大梁等。

2. 合金结构钢

合金结构钢用于制造重要零件,如机床主轴,汽车底盘半轴和连杆螺栓。例如 40Cr,其平均碳的质量分数 $\omega_C = 0.4\%$,平均铬的质量分数 $\omega_{Cr} < 1.5\%$。如果是高级优质钢,则在牌号的末尾加"A",例如 38CrMoAIA 钢,则属于高级优质合金结构钢。

3. 滚动轴承钢

滚动轴承钢都是高级优质钢,牌号后不加"A"。例如 GCr15 钢,就是平均铬的质量分数 $\omega_{Cr}=1.5\%$ 的滚动轴承钢。

4. 合金工具钢

合金工具钢用于制造切削工具,如车刀、铣刀钻头等;高速钢用于制造高速切削工具,具有较高的硬性。例如 Cr12MoV 钢,其平均碳的质量分数为 $\omega_C=1.45\%\sim1.70\%$,$\geqslant1\%$ 不标出,Cr 的平均质量分数为 12%,Mo 和 V 的质量分数都小于 1.5%。又如 9SiCr 钢,其平均碳的质量分数 $\omega_C=0.9\%$,平均铬的质量分数 $\omega_{Cr}<1.5\%$。因合金工具钢及高速工具钢都是高级优质钢,牌号后面也不必再标"A"。

5. 合金渗碳钢

制作承受载荷和重载荷的汽车变速箱齿轮、汽车后桥齿轮和内燃机里的凸轮轴、活塞销等。例如 20CrMnTi 用来制造在工作中承受强烈的冲击作用和磨损的渗碳零件。

(三)铸铁

铸铁是碳的质量分数 $\omega_c\geqslant2.11\%$ 的铁碳合金,合金中含有较多的硅、锰等元素。铸铁具有优良的铸造性能、切削加工性、减摩性、消振性和低的缺口敏感性,熔炼铸铁的工艺与设备简单、成本低、因此铸铁在机械制造中得到了广泛应用。

铸铁分为灰铸铁、球墨铸铁、可锻铸铁和蠕墨铸铁。

1. 灰铸铁

灰铸铁以 HT 表示,HT 为"灰铁"二字的汉语拼音的首字母,后面三位数字表示最小抗拉强度值,如 HT150、HT200。它用来制造机器底座、箱体、端盖阀体、管道附件、床身和缸体等。

2. 球墨铸铁

球墨铸铁的力学性能比灰铸铁高,成本接近于灰铸铁,并拥有灰铸铁的优良铸造性能、切削加工性和减摩性等性能。它可代替部分钢制作较重要的零件,对实现以铁代钢,以铸代锻起到了重要的作用,具有较大的经济效益,如制作内燃机曲轴。如 QT400-15,其中 QT 表示"球铁",第一组数字代表最小抗拉强度值,第二组数字代表最低伸长率。

3. 可锻铸铁

可锻铸铁俗称马铁。如 KTH300-08,其中"KT"表示"可锻","H"表示"黑",后边第一组数字表示最小抗拉强度值,第二组数字表示最低伸长率。

4. 蠕墨铸铁

蠕墨铸铁是 19 世纪 70 年代发展起来的一种新型铸铁,蠕墨铸铁的力学性能介于相同基体组织的灰铸铁和球墨铸铁之间,它的抗拉强度、屈服点、伸长率和疲劳强度均优于灰铸铁,接近于球墨铸铁。蠕墨铸铁主要用于制造气缸盖、气缸套和液压件等零件。

(四)铝及铝合金

1. 纯铝

纯铝呈银白色,塑性好,强度低,一般不能作为结构材料使用,可经冷塑性变形使其强化。铝的密度较小,仅为铜的三分之一;熔点为 660℃;导电、导热性好,仅次于金、银、铜而居第四位。铝在大气中其表面易生成一层致密的 Al_2O_3 薄膜而阻止进一步的氧化,抗大气腐蚀能力较强。

纯铝主要用于制作电缆,配制各种铝合金以及制作要求质轻、导热或耐大气腐蚀但强度要求不高的器具。

工业纯铝分未经压力加工产品(铝锭)和压力加工产品(铝材)两种。铝材的牌号有 1070A、1060、1050A、1035、1200 等(牌号中数字越大,表示杂质的含量越高)。

2. 变形铝合金

变形铝合金按其主要性能特点分为防锈铝、硬铝、超硬铝与锻铝等。通常加工成各种规格的型材(板、带、线、管等)产品。

防锈铝合金用 5AXX 或 3AXX 表示,如 5A05、3A21;硬铝合金用 2AXX 表示,如 2A11、2A12;超硬铝合金用 7AXX 表示,如 7A04;锻铝合金用 2AXX 表示,如 2A50、2A70;牌号的最后两位数字没有特殊意义,仅用来区分同一组中不同的铝合金。

防锈铝合金属于热处理不能强化的铝合金,常采用冷变形方法提高其强度。主要有 Al-Mn、Al-Mg 合金。这类铝合金具有适中的强度、优良的塑性和良好的焊接性,并具有很好的抗蚀性,故称为防锈铝合金,常用于制造油罐、各式容器和防锈蒙皮等。

3. 铸造铝合金

铸造铝合金具有良好的铸造性能,但塑性差,常采用变质处理和热处理的办法提高其机械性能。

铸造铝合金代号用"Z"(铸造)、合金元素符号及两位数字表示。其中,后两位数字为顺序号。顺序号不同,化学成分的含量不同,如 ZAlSi12。

(五)铜及铜合金

1. 纯铜

铜是贵重有色金属,是人类应用最早和最广的一种有色金属,其全世界产量仅次于钢和铝。工业纯铜又称紫铜,密度为 $8.96×10^3$ kg/m³,熔点为 1083℃。纯铜具有良好的导电、导热性,塑性好,容易进行冷热加工。同时纯铜有较高的耐蚀性,在大气、海水中及不少酸类中皆能耐蚀。

按杂质含量,纯铜可分为 T1、T2、T3、T4 四种,"T"为铜的汉语拼音字首,其序号数字越大,纯度越低。如 T1 的 $\omega_{Cu}=99.95\%$,而 T4 的 $\omega_{Cu}=99.50\%$,其他为杂质含量。纯铜一般不作结构材料使用,主要用于制造电线、电缆、导热零件及配制铜合金。

2. 黄铜

黄铜是以锌为主要合金元素的铜锌合金。按化学成分划分,黄铜可分为普通黄铜和特殊黄铜两类。

普通黄铜由铜与锌组成的二元合金。它的色泽美观,对海水和大气腐蚀有很好的抵抗力。

黄铜的代号用"H"(黄铜汉语拼音首字母+数字)表示,数字表示铜的平均质量分数。

H80 色泽好,可以用来制造装饰品,故有"金色黄铜"之称。H70 强度高、塑性好,可用深冲压的方法制造弹壳、散热器、垫片等零件,故有"弹壳黄铜"之称。H62 和 H59 具有较高的强度与耐蚀性,且价格便宜,主要用于热压、热轧零件。

3. 锡青铜

以锡(Sn)为主加元素的铜合金称为锡青铜。我国文物中的钟、鼎、镜、剑等就是用这种合金制成的。

锡青铜的耐腐蚀性比纯铜和黄铜都高,特别是在大气、海水等环境中。抗磨性能也高,多用于制造轴瓦、轴套等耐磨零件,常用的锡青铜牌号有 QSn4-3、QSn6.5-0.4 和 ZCuSn10P1。

4. 铝青铜

铝青铜是以铝为主加元素的铜合金,它不仅价格低廉,且强度、耐磨性、耐腐蚀性及耐热性比黄铜和锡青铜都高,还可进行热处理(淬火、回火)强化。常用铝青铜牌号有 QA17。铸造铝青铜常用来制造强度及耐磨性要求较高的零件,如齿轮、轴套和涡轮等。

5. 铍青铜

铍青铜的含 Be 量很低 $\omega_{Be}=1.7\%\sim2.5\%$,铍青铜有较高的耐蚀性和导电、导热性,无磁性。此外,它还有良好的工艺性,可进行冷、热加工及铸造成形。通常用于制作弹性元件及钟表、仪表中的零件和电焊机电极等。

二、钢的热处理

钢的热处理是指钢在固态下进行加热、保温和冷却,以改变其内部组织,从而获得所需要性能的一种工艺方法。

热处理的目的是显著提高钢的力学性能,发挥钢材的潜力,提高工件的使用性能和寿命。还可以消除毛坯(如铸件、锻件等)中的缺陷,改善其工艺性能,为后续工序做组织准备。

常用热处理工艺可分为两类:预先热处理和最终热处理。退火与正火主要用于钢的预先热处理,其目的是为了消除和改善前一道工序所造成的某些组织缺陷及内应力,也为随后的切削加工及热处理做好组织和性能上的准备。对一般铸件,焊接件以及一些性能要求不高的工件,退火与正火也可作最终热处理。淬火和回火主要用于钢的最终热处理,使工件获得所要求的性能。

(一)钢的退火

钢的退火是指将工件加热到适当温度,保持一段时间,然后缓慢冷却的热处理工艺。其目的是消除钢的内应力、降低硬度、提高塑性、细化组织,以利于后续加工,并为最终热处理做好组织准备。根据钢的化学成分和退火目的的不同,退火常分为完全退火、球化退火、去应力退火和扩散退火等。

1. 完全退火

完全退火是将钢件加热到临界点以上 30～50 ℃,保温一段时间,随炉或埋入干砂、石灰中缓慢冷却,以获得接近平衡组织的热处理工艺。

完全退火主要用于钢和合金钢的铸件、锻件、焊接件等。其目的是消除内应力、降低硬度、改善切削加工性能等。

2. 去应力退火

去应力退火是指将工件缓慢加热到临界点以下 100～200 ℃,保温一定时间后随炉慢冷至 200 ℃,再出炉冷却。它是为了去除锻件、焊件、铸件及机加工工件中内存的残余应力而进行的退火。

(二)钢的正火

钢的正火指将钢体加热到临界点以上 30～50 ℃,保温一定的时间,出炉后在空气中冷却的热处理工艺。正火的目的是细化晶粒,提高硬度,并为淬火、切削加工等后续工组织准备。

正火的冷却速度较退火快,正火后得到的组织比较细,强度和硬度比退火高一些,同时具有操作简便、生产周期短,是成本较低和生产率较高的热处理工艺。由于正火后组织的力学性能较好,可作为普通结构零件或大型、复杂零件的最终热处理。正火还可改善低碳钢的切削加工性,能提高低碳钢的硬度。

(三)钢的淬火

钢的淬火是将钢件加热到临界点以上 30～50 ℃,保温一定时间,以大于淬火临界冷却速度冷却的热处理工艺。淬火再经回火能使工件获得良好的使用性能。

1. 淬火加热温度

碳素钢的淬火加热温度由材料碳的质量分数来确定,碳钢的淬火在临界点以上 30～50℃。

2. 淬火冷却介质

目前常用的淬火冷却介质有水、油、盐浴和空气。水在 550～650℃内具有很强的冷却能力，是碳钢最常用的淬火介质。油也是最常用的淬火介质，生产上多用各种矿物油。

（四）钢的回火

将淬火钢件重新加热到临界点以下的某一温度，保温一定时间后冷却到室温的热处理工艺。其目的是消除和减小内应力，稳定组织，调整性能，以获得强度和韧性之间的合理配合。一般淬火钢件必须经过回火才能使用。

根据对钢件力学性能要求的不同，按其回火温度范围，可将其分为三种。

1. 低温回火

淬火钢件在 250℃以下回火称低温回火。回火后基本上保持淬火钢的高硬度和高耐磨性，淬火内应力有所降低。主要用于要求高强度、高耐磨性的刃具，冷作模具，量具，滚动轴承和渗碳、碳氮共渗及表面淬火的零件。回火后硬度为 58～64 HRC。

2. 中温回火

淬火钢件在 350～500℃回火称为中温回火。回火后具有高的弹性极限和一定的韧性，淬火内应力基本消除。常用于各种弹簧和模具热处理，回火后硬度一般为 35～50 HRC。

3. 高温回火

淬火钢件在 500～650℃回火称为高温回火。回火后具有强度、硬度、塑性和韧性都较好的综合力学性能。广泛用于汽车、拖拉机、机床等承受较大载荷的结构零件，如连杆、齿轮、轴类、高强度螺栓等。回火后硬度一般为 200～330 HBS。

生产中常把淬火加高温回火的热处理工艺称为调质处理。调质处理后的力学性能（强度、韧性）比相同硬度的正火处理好。

调质一般作为最终热处理，但也作为表面淬火和化学热处理的预先热处理。调制后的硬度不高，便于切削加工，并能获得较低的表面粗糙度值。

除了以上三种常用回火方法外，某些精密的工件，为了保持淬火后的硬度和尺寸的稳定性，常进行低温（100～150℃）长时间（10～15 h）保温的回火，称为时效处理。

⚙ 课后练习

一、判断题

1. 淬火后的钢一般需要及时进行回火。 （　　）

2. 碳钢按碳的质量分数不同，分为低碳钢、中碳钢和高碳钢三类，低碳钢是

$\omega_c \leqslant 0.25\%$ 的钢。　　　　　　　　　　　　　　　　　　（　　）

3. 正火与退火的主要差别是,前者冷却速度较快,得到的组织晶粒较细,强度和硬度也较高。　　　　　　　　　　　　　　　　　　（　　）

4. 正火可以提高钢的硬度和耐磨性。　　　　　　　　　　　　　（　　）

5. 钢件通过加热的处理简称热处理。　　　　　　　　　　　　　（　　）

6. 黄铜呈黄色、白铜呈白色,青铜呈青色。　　　　　　　　　　（　　）

7. 铝合金的种类按成分和工艺特点不同,分为变形铝合金和铸造铝合金两类。　　　　　　　　　　　　　　　　　　　　　　　　　　（　　）

8. 变形铝合金中一般合金元素含量较低,并且具有良好的塑性,适宜于塑性加工。　　　　　　　　　　　　　　　　　　　　　　　　　（　　）

9. 青铜是以锡为主要添加元素的铜合金。　　　　　　　　　　　（　　）

二、选择题

1. 下列热处理方法中,属于表面热处理的有(　　)。

A. 局部淬火　　　B. 工频感应淬火　　　C. 渗氮　　　D. 渗铝

2. 用高碳钢和某些合金钢制锻坯件,加工时发现硬度过高,为容易加工,可进行(　　)处理。

A. 退火　　　　　B. 正火　　　　　　C. 淬火　　　D. 淬火和低温回火

3. 下列材料中,用作渗碳的应选用(　　)

A. 低碳合金钢　　　　　　　　　　B. 高碳钢

C. 高碳高合金钢　　　　　　　　　D. 铸铁

4. T10 钢制手工锯条采用(　　)处理,可满足使用要求。

A. 淬火、高温回火　　　　　　　　B. 正火

C. 淬火、低温回火　　　　　　　　D. 完全退火

5. 下列名称中正确的退火种类的是(　　)。

A. 低温退火　　　B. 中温退火　　　　C. 高温退火　　　D. 等温退火

三、简答题

1. 减速器箱体附属零件有哪些?

2. 机械密封装置的作用?

3. 金属材料包括哪三大类?

4. 碳素钢按碳的质量分数可分为哪几类?

5. 钢的热处理主要有哪些?各用在什么场合?

项目 4　机械传动

机械传动与常用机构一样,都是起传动的作用。常用机构改变运动的形式,如将转动改变成移动或摆动。而机械传动只改变转动的速度或转动的方向。

机械传动通常是指作回转运动的啮合传动和摩擦传动。目的是用来协调工作部分与原动机的速度关系,实现减速、增速和变速要求,达到力或力矩的改变。常用的机械传动有:

$$
机械传动
\begin{cases}
摩擦传动
\begin{cases}
直接接触的传动——摩擦轮传动\\
有中间挠性件的传动——带传动
\end{cases}\\
啮合传动
\begin{cases}
直接接触的传动
\begin{cases}
齿轮传动\\
蜗杆传动
\end{cases}\\
有中间挠性件的传动 —— 链传动
\end{cases}
\end{cases}
$$

本书主要介绍齿轮传动、齿轮系、蜗杆传动、带传动和链传动等内容。

任务 1　齿轮传动

⚙ 自学导引

一、学习指南

1. 课题名称

齿轮传动。

2. 达成目标

(1)掌握齿轮传动的特点、分类及其应用。

(2)掌握齿轮的啮合原理。

(3)了解齿轮传动时,齿轮轴的转动方向确定。

(4)认识什么是定轴轮系传动。

(5)领会定轴轮系传动路线的分析方法。

(6)掌握定轴轮系各轮回转方向判定的方法。

(7)了解蜗杆传动的原理、组成和特点。

(8)掌握蜗杆传动中蜗杆、蜗轮螺旋线方向的判断及蜗轮回转方向的判定。

3. 学习方法建议

网络自主学习结合课堂学习。

二、学习任务

以图片引入机械传动的实例,了解机械传动的生产实际应用;懂得齿轮传动的特点和齿轮的啮合原理,掌握定轴轮系传动的分析方法,做到能判别蜗轮的回转方向,为学习带传动和链传动打下基础。

三、困惑与建议

_____

_____。

 相关知识

在生产和生活中,汽车发动机、车床、机械式手表等都采用了齿轮传动,用来进行运动与动力的传递。齿轮传动是机械传动中应用最广泛的传动形式之一。随着科学技术的发展进步,齿轮传动在航空航天、军事、医疗等方面有着广阔的发展前景。

(a)汽车发动机　　　　　　　(b)机床　　　　　　　(c)机械式手表

图 4-1-1　齿轮传动的应用

齿轮传动是利用主、从动齿轮的直接啮合传递两轴之间运动和动力的机械传动。其显著特点是瞬时传动比恒定,所以应用非常广泛,如常用的计时钟表、传动玩具和各种各样的机器等都离不开齿轮传动。

齿轮传动平稳,传动比精确,工作可靠,效率高,寿命长,适用的功率、速度和尺寸范围大,被广泛应用于工程机械、矿山机械、冶金机械、各种机床及仪器仪表中。

齿轮副的一对齿轮的齿依次交替接触,从而实现一定规律的相对运动的过程和形态称为啮合。齿轮传动属于啮合传动,通过齿轮间的啮合可以实现:①传递动力;②改变运动速度;③改变运动方向。

一、齿轮传动的类型、应用特点和基本要求

(一)齿轮传动的类型

齿轮传动的类型很多,齿轮传动可用来传递空间任意两轴(平行、相交、交错)

之间的回转运动,也可将回转运动转变为直线往复移动。

根据两轴的相对位置和齿向不同,齿轮传动分类如下:

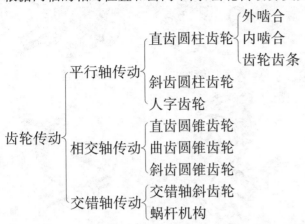

(1)按齿轮副两轴线的相对位置不同,齿轮传动可分为:平行轴齿轮传动、相交轴齿轮传动和交错轴齿轮传动。

(2)按齿轮分度曲面不同,齿轮传动可分为:圆柱齿轮传动、圆锥齿轮传动和蜗杆蜗轮传动。

(3)按齿线形状不同,齿轮传动可分为:直齿齿轮传动、斜齿齿轮传动、人字齿齿轮传动和曲线齿齿轮传动等。

(4)按齿轮啮合方式不同,齿轮传动可分为:外啮合齿轮传动、内啮合齿轮传动和齿轮齿条传动。

(5)按齿轮齿廓曲线不同,齿轮传动可分为:渐开线齿轮传动、摆线齿轮传动和圆弧齿轮传动,其中渐开线齿轮传动应用最广。

(6)按齿轮传动的工作条件,齿轮传动可分为:开式齿轮传动、半开式齿轮传动和闭式齿轮传动。其中开式齿轮传动的齿轮暴露在外,不能保证良好润滑;半开式齿轮传动的齿轮浸入油池,有护罩但不封闭;闭式齿轮传动中的齿轮、轴和轴承等润滑条件良好,灰沙不易进入,安装精确,齿轮传动有良好的工作条件,是应用最广泛的齿轮传动。

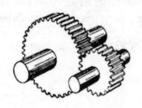

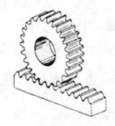

(a)直齿圆柱齿轮传动　　(b)内啮合直齿圆柱齿轮传动　　(c)齿轮齿条传动

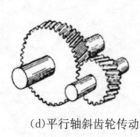  

(d)平行轴斜齿轮传动　　(e)人字齿传动　　(f)直齿锥齿轮传动

(g)斜齿锥齿轮传动　　(h)交错轴斜齿轮传动　　(i)蜗杆传动

图 4-1-2　齿轮传动的种类

（二）齿轮传动的应用特点

1. 优点

(1)结构紧凑,工作可靠,寿命较长。

(2)传动比稳定,传动效率高。

(3)可实现平行轴、任意角相交轴、任意角交错轴之间的传动。

(4)适用的功率和速度范围广。

2. 缺点

(1)加工和安装精度要求较高,制造成本也较高。

(2)不适宜于远距离两轴之间的传动。

(3)齿轮的齿数为整数,能获得的传动比受到一定的限制,不能实现无级变速。

总之,齿轮传动广泛用于各种机械中,选用不同类型的齿轮传动,可分别实现两平行轴、相交轴、空间交错轴间的运动和动力传递,利用齿轮齿条传动则可将回转运动变换成直线运动,或者将直线运动变换成回转运动。

（三）齿轮传动的基本要求

1. 传动准确、平稳

齿轮传动的最基本要求之一是瞬时传动比恒定不变。以避免产生动载荷、冲击、震动和噪声。这与齿轮的齿廓形状、制造和安装精度有关。

2. 承载能力强

齿轮传动在具体的工作条件下,必须有足够的工作能力,以保证齿轮在整个工作过程中不致产生各种失效。这与齿轮的尺寸、材料、热处理工艺因素有关。

二、齿轮传动的平均传动比

图 4-1-3 为一对齿轮的啮合传动,齿轮传动的传动比是主动齿轮与从动齿轮的转速之比,也等于两齿轮齿数的反比,若两齿轮的旋转方向相同,规定传动比为正;若两齿轮的旋转方向相反,规定传动比为负,则一对齿轮的传动比可写为:

$$i = \pm \frac{n_1}{n_2} = \pm \frac{z_2}{z_1}$$

式中,n_1、n_2分别为主、从动齿轮的转速;z_1、z_2分别为主、从动齿轮的齿数。

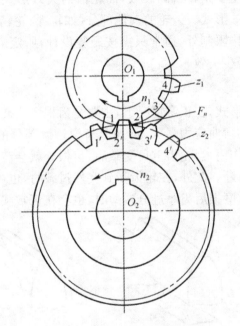

图 4-1-3 齿轮啮合传动示意图

例如:主动齿轮的齿数 z_1 为 20,被动齿轮的齿数 z_2 为 40,那么传动比 $i = \frac{z_2}{z_1}$ $= \frac{40}{20} = 2$,即主动齿轮转 2 圈,被动齿轮才转 1 圈。

三、齿轮传动啮合

1. 正确啮合条件

$$\begin{cases} m_1 = m_2 = m \\ \alpha_1 = \alpha_2 = \alpha \end{cases}$$

2. 连续传动条件

齿轮传动时,必须使前一对轮齿终止啮合前,后一对轮齿已经进入啮合,保证在每一瞬间都有一对以上齿轮同时啮合,这样才能保证齿轮的连续传动,否则就会产生间歇运动或发生冲击。齿轮传动时,同时啮合的齿数越多传动越平稳。

四、齿轮传动精度

国家标准规定齿轮及齿轮副的精度等级为 12 个等级,从 1 级到 12 级,精度依次降低,其中常用精度等级为 6、7、8、9 四级,7 级为基础等级,1 级、2 级为待发展等级,12 级为精度最低的等级。

五、齿轮的失效形式及维护

齿轮传动的失效主要是轮齿的失效,而轮齿的失效形式又多种多样,较为常见的是下面的五种失效形式。齿轮的其他部分(如轮缘、轮辐、轮毂等),除了对齿轮的质量大小需加严格限制外,通常只需按经验设计,所定的尺寸对强度及刚度均较富裕,实践中也极少失效。

1. 齿轮折断

轮齿折断有多种形式,在正常情况下,主要是齿根弯曲疲劳折断,因为在轮齿受载时,齿根处产生的弯曲应力最大,再加上齿根过渡部分的截面突变及加工刀痕等引起的应力集中作用,当轮齿重负受载后,齿根处就会产生疲劳裂纹,并逐步扩展,致使轮齿疲劳折断。此外,在轮齿受到突然过载时,也可能出现过载折断或剪断;在轮齿受到严重磨损后齿厚过分减薄时,也会在正常载荷作用下发生折断。

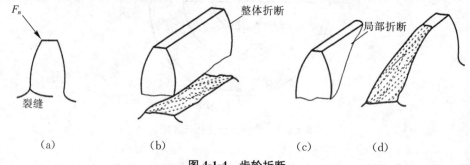

(a) (b) (c) (d)

图 4-1-4　齿轮折断

为了提高齿轮的抗折断能力,可采取下列措施:①用增加齿根过渡圆角半径及消除加工刀痕的方法来减小齿根应力集中;②增大轴及支承的刚性,使轮齿接触线上受载较为均匀;③采用合适的热处理方法使齿芯材料具有足够的韧性;④采用喷丸、滚压等工艺措施对齿根表层进行强化处理。

2. 齿面磨损

在齿轮传动中,齿面随着工作条件的不同会出现不同的磨损形式。例如当啮合齿面间落入磨料性物质(如沙粒、铁屑等)时,齿面即被逐渐磨损而至报废。这种磨损称为磨粒磨损。它是开式齿轮传动的主要失效形式之一。改用闭式齿轮传动是避免齿面磨粒磨损最有效的方法。

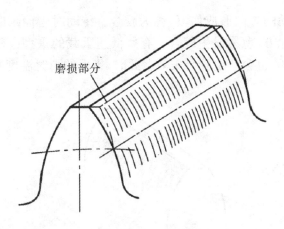

图 4-1-5　齿面磨损

3.齿面点蚀

点蚀是齿面疲劳损伤的现象之一。在润滑良好的闭式齿轮传动中,常见的齿面失效形式多为点蚀。所谓点蚀就是齿面材料在变化着的接触应力作用下,由于疲劳而产生的麻点状损伤现象。齿面上最初出现的点蚀仅为针尖大小的麻点,如工作条件未加改善,麻点就会逐渐扩大,甚至数点连成一片,最后形成了明显的齿面损伤。一般点蚀首先出现在靠近节线的齿根面上,然后再向其他部位扩展。

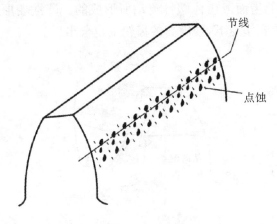

图 4-1-6　齿面点蚀

提高齿轮材料的硬度,可以增强齿轮抗点蚀的能力。在啮合的轮齿间加注润滑油可以减小摩擦,减缓点蚀,延长齿轮的工作寿命。并且在合理的限度内,润滑油的黏度越高,上述效果也愈好。所以对速度不高的齿轮传动,用黏度高一点的润滑油润滑为宜。开式齿轮传动,由于齿面磨损较快,很少出现点蚀。

4.齿面胶合

对于高速重载的齿轮传动(如航空发动机减速器的主传动齿轮),齿面间的压力大,瞬间温度高,润滑效果差,当瞬时温度过高时,相啮合的两齿面就会发生粘在一起的现象,由于此时两齿面又在作相对滑动,相黏结的部分即被撕破,于是在

121

齿面上沿相对滑动的方向形成伤痕,称为胶合。传动时齿面瞬时温度愈高、相对滑动速度愈大的地方,愈易发生胶合。有些低速重载的重型齿轮传动,由于齿面间的油膜遭到破坏,也会产生胶合失效。此时,齿面的瞬时温度并无明显增高,故称为冷胶合。

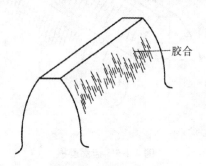

图 4-1-7　齿面胶合

加强润滑措施,采用抗胶合能力强的润滑油(如硫化油),在润滑油中加入极压添加剂等,均可防止或减轻齿面的胶合。

5. 齿面塑性变形

塑性变形属于轮齿永久变形式,它是由于在过大的应力作用下,轮齿材料处于屈服状态而产生的齿面或齿体塑性流动所形成的。塑性变形一般发生在硬度低的齿轮上;但在重载作用下,硬度高的齿轮上也会出现。

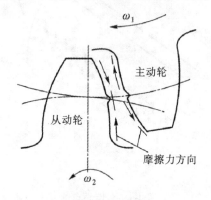

图 4-1-8　齿面塑性变形

提高齿轮齿面硬度,采用高黏度的或加有极压添加剂的润滑油均有助于减缓或防止轮齿产生塑性变形。

齿轮的失效形式与齿轮传动的工作条件、齿轮材料的性能及不同的热处理工艺、齿轮自身的尺寸、齿廓形状、加工精度等密切相关。使用齿轮时应避免产生冲击载荷,经常检查润滑系统的状况,注意监视齿轮传动的工作情况。

常见的齿轮失效形式与避免措施见表 4-1-1。

表 4-1-1　齿轮的失效形式及避免措施

失效形式 比较项目	轮齿折断	齿面点蚀	齿面胶合	齿面磨损	齿面塑性变形
引起原因	短时意外的严重过载；超过弯曲疲劳极限	很小的面接触、循环变化、齿面表层就会产生细微的疲劳裂纹，微粒剥落下来而形成麻点	高速重载、啮合区温度升高引起润滑失效，齿面金属直接接触并相互粘连，较软的齿面被撕下而形成沟纹	接触表面间有较大的相对滑动，产生滑动摩擦	低速重载、齿面压力过大
部位	齿根部分	靠近节线的齿根表面	轮齿接触表面	轮齿接触表面	轮齿
避免措施	选择适当的模数和齿宽，采用合适的材料及热处理方法，降低表面粗糙度，降低齿根弯曲应力	提高齿面硬度	提高齿面硬度，降低表面粗糙度，采用黏度大和抗胶合性能好的润滑油	提高齿面硬度，降低表面粗糙度，改善润滑条件，加大模数，尽可能用闭式齿轮传动结构代替开式齿轮传动结构	减小载荷，减少启动频率

六、齿轮传动的润滑

润滑是减少摩擦磨损的有效方法。开式齿轮传动因速度低，故一般采用人工定期加润滑油或润滑脂。如常用的钙钠基润滑脂，呈微黄色，俗称黄油。闭式传动夏天选用 L-CKB320 润滑油，冬天选用 L-CKB220 润滑油，俗称 30 号和 20 号机油。

闭式齿轮传动的润滑方式可以分为油浴润滑和循环喷油润滑。

1. 油浴润滑

闭式齿轮传动的润滑方式取决于齿轮的圆周速度。当 $v \leqslant 15$ m/s 时，常采用油浴润滑（图 4-1-9(a)所示），即大齿轮浸入油池中，靠大齿轮转动将油带入啮合区进行润滑。在多级齿轮传动中，可借带油轮将油带到未进入油池内的齿轮的齿面上，如图 4-1-9(b)所示。

2. 循环喷油润滑

当 $v > 15$ m/s 时，由于离心力较大，靠大齿轮难以将油池中的油带入啮合区，因而常采用循环喷油润滑（图 4-1-9(c)所示），一般用 $(0.5 \sim 1.0) \times 10^5$ Pa 的压力把油喷入啮合区。

当 $v > 60$ m/s 时，散热是主要问题，油从齿轮的喷出侧喷入，不仅对轮齿进行润滑,而且还起冷却作用。对于载荷不大的场合,还可以采用油雾润滑。

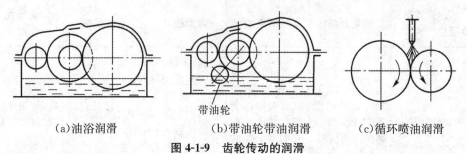

(a)油浴润滑　　　　　(b)带油轮带油润滑　　　(c)循环喷油润滑

图 4-1-9　齿轮传动的润滑

⚙ 知识拓展

一、蜗杆传动

(一)蜗杆传动的结构与特点

1.蜗杆传动的结构

蜗杆传动由蜗杆、蜗轮和机架组成。如图 4-1-10 和图 4-1-11 所示。

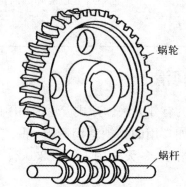

图 4-1-10　蜗杆传动

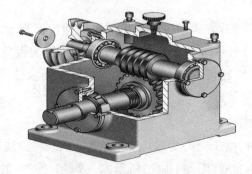

图 4-1-11　蜗杆传动的实例

2. 蜗杆传动的特点

(1)传动比大。传动比 $i = 10 \sim 40$，最大可达 80。若只传递运动，传动比可达 1 000。

(2)传动平稳，噪声小。

(3)可制成具有自锁性的蜗杆。

(4)效率较低，$\eta = 0.7 \sim 0.8$。

(5)蜗轮造价较高。

(6)传动不具有可逆性，只能由蜗杆带动蜗轮实现减速运动。

(7)和蜗轮的接触为圆弧面，接触面积大，属于滑动摩擦，因此摩擦发热严重。

(8)常用的蜗杆是阿基米德蜗杆。

(二)蜗杆传动的类型

(1)普通圆柱蜗杆传动。普通圆柱蜗杆多用直母线刀刃的车刀在车床上切制，随刀具安装位置和所用刀具的变化，可获得不同类型的普通圆柱蜗杆。

(2)圆弧圆柱蜗杆传动。圆弧圆柱蜗杆用刃边为凸圆弧形的刀具切制而成，蜗杆的轴面为凹圆弧形。啮合时蜗杆的凹圆弧形齿面和蜗轮的凸圆弧形齿面接触。如图 4-1-12 所示。

(a)普通圆柱蜗杆传动　　　　　　(b)圆弧圆柱蜗杆传动

图 4-1-12　蜗杆传动的类型

(三)蜗杆传动的基本参数

(1)模数 m、压力角 α。在蜗杆传动中，蜗杆的轴向模数与蜗轮的端面模数相等，蜗杆的轴面压力角与蜗轮的端面压力角相等。

(2)蜗杆头数 z_1、蜗轮齿数 z_2 和传动比 i。蜗杆的头数越多，则传动效率越高，但加工越困难，所以通常取 $z_1 = 1、2、4、6$，同时蜗轮的齿数也不宜太少，以方便制造。一般 $i = 4 \sim 5$ 时，取 $z_1 = 6$；$i = 7 \sim 13$ 时，取 $z_1 = 4$；$i = 14 \sim 27$ 时，取 $z_1 = 2$；$i = 29 \sim 82$ 时，取 $z_1 = 1$。

(3)蜗杆直径系数、导程角。为了减少加工蜗杆滚刀的规格和便于滚刀的标准化，对每一模数的蜗杆只规定了 $1 \sim 4$ 种分度圆直径，且取分度圆直径为模数的倍数。

蜗杆—常用 45 钢调质或中碳合金钢经过热处理。

蜗轮—选用铸造锡青铜,耐磨性好而又抗胶合性强的。不重要的蜗轮可以选用铸铁材料。

(四)蜗杆蜗轮的结构

蜗杆通常与轴做成一体,称为蜗杆轴。如图 4-1-13 所示。

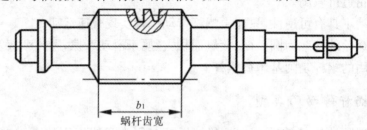

b_1
蜗杆齿宽

图 4-1-13　蜗杆轴

蜗轮结构包括整体和组合式两类,其中铸铁蜗轮或直径较小的青铜蜗轮采用整体式(如图 4-1-14(a)所示);较大的青铜蜗轮为节省贵重材料作为组合式,组合形式有齿圈压配式(如图 4-1-14(b)所示);螺栓连接式(如图 4-1-14(c)所示)和浇铸式(如图 4-1-14(d)所示)。

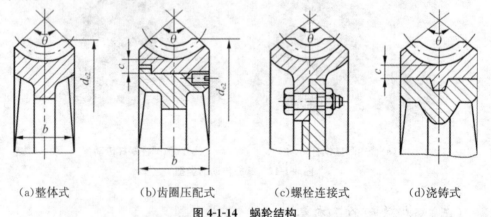

(a)整体式　　　　(b)齿圈压配式　　　　(c)螺栓连接式　　　　(d)浇铸式

图 4-1-14　蜗轮结构

(五)蜗杆传动的传动比与几何尺寸计算

1. 蜗杆传动的传动比

蜗杆传动的传动比 i 计算公式如下:

$$i = n_1/n_2 = z_2/z_1$$

2. 蜗杆传动的几何尺寸计算

引入中间平面的概念,通过蜗杆的轴线又垂直于蜗轮轴线的平面将蜗杆传动截开,得到蜗杆的轴面和蜗轮的端面相当于齿条和齿轮的啮合传动,得出蜗杆的轴面参数与蜗轮的端面参数相等的结论。它是几何尺寸计算的依据。

3.蜗杆传动的正确啮合条件

蜗杆传动的正确啮合条件与齿轮齿条传动相同。在中间平面上,蜗杆的轴向模数 m_{x_1}、轴向压力角 α_{x_1} 分别与蜗轮的端面模数 m_{t_2}、端面压力角 α_{t_2} 相等,均为标准值。

为保证蜗杆传动的正确啮合,还必须使蜗杆与蜗轮轮齿的螺旋线方向相同,并且蜗杆分度圆柱上的导程角 γ 等于蜗轮分度圆柱上的螺旋角 β。正确啮合的表达式为:

$$m_{x_1} = m_{t_2} \; ; \alpha_{x_1} = \alpha_{t_2} \; ; \gamma = \beta$$

4.蜗杆传动回转方向的判别

(1)当蜗杆为右旋,顺时针方向转动(沿轴线向左看)时,用右手,四指顺蜗杆转向握住其轴线,大拇指的反方向即为蜗轮的转向。

(2)当蜗杆为左旋时,用左手按相同的方法判定蜗轮转向。如图 4-1-15 所示。

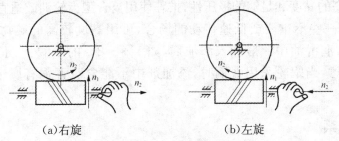

(a)右旋　　　　　　　　　　(b)左旋

图 4-1-15　蜗杆传动回转方向的判别

(六)蜗杆的失效形式及维护

1.蜗杆的失效形式

蜗杆的失效形式有:齿面胶合、疲劳点蚀、磨损和轮齿折断四种。

2.蜗杆传动的润滑

若摩擦发热大,则选用黏度大、亲和力大的润滑油。同时选用必要的散热冷却方法,如加风扇、通冷却水等强制冷却,以保证润滑的效果。

3.蜗杆传动的散热

蜗杆传动效率低,发热量大,为保证蜗杆传动的正常工作,热平衡时润滑油的温度不能超过 70～80 ℃,否则应采取下列措施:

(1)增加散热面积。在箱体上铸出或焊上散热片。

(2)提高散热系数。在蜗杆轴端装风扇强制通风。如图 4-1-16(a)所示。

(3)加冷却装置。若以上方法散热能力仍不够,可在箱体油池内装蛇形循环冷却水管,如图 4-1-16(b)所示。或采用压力喷油循环冷却,如图 4-1-16(c)所示。

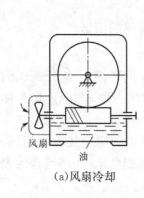 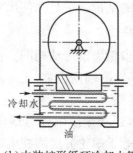 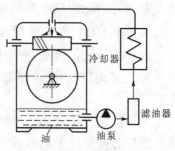

(a)风扇冷却　　　(b)内装蛇形循环冷却水管　　　(c)压力喷油循环冷却

图 4-1-16　蜗杆传动的散热措施

蜗杆的强度愈高、表面粗糙度愈低,耐磨性及抗胶合能力愈好。由于蜗杆传动的相对滑动速度大,良好的润滑对于防止齿面过早地发生磨损、胶合和点蚀,提高传动的承载能力、传动效率,延长使用寿命等具有重要的意义。蜗杆传动的齿面承受的压力大,大多属于边界摩擦,其效率低,温升高,因此蜗杆传动的润滑油必须具有较高的黏度和足够的极压性,推荐使用复合型齿轮油或适宜的中等级极压齿轮油,在一些不重要或低速传动的场合,可用黏度较高的矿物油。为减少胶合的危险,润滑油中一般加入添加剂,如 1%～2% 的油酸、三丁基亚磷酸脂等。应当注意,当蜗轮采用青铜时,添加剂中不能含对青铜有腐蚀作用的硫、磷等。

二、轮系

在实际应用的机械中,当主动轴与从动轴的距离较远,或要求传动比较大,或需实现变速和换向要求时可应用轮系来实现这种传动要求;减速器多用于连接原动机和工作机,能实现降低转速、增大扭矩,以满足工作机对转速和转矩的要求。如图 4-1-17 所示的世纪钟和齿轮减速器均采用了轮系。

(a)世纪钟　　　　　　　　　(b)齿轮减速器

图 4-1-17　轮系的实际应用

(一)轮系的概念

由一对齿轮组成的机构是齿轮传动的最简单形式。但在很多机械中,常常要将主动轴的较快转速变换为从动轴的较慢转速;或者将主动轴的一种转速变换为从动轮的多种转速;或者改变从动轴的旋转方向,而采用一系列相互啮合齿轮将主动轴和从动轴连接起来,这种由一系列相互啮合齿轮组成的传动系统称为轮系。

(二)轮系的分类

定轴轮系 { 平面定轴轮系
　　　　　 空间定轴轮系

周转轮系 { 行星轮系
　　　　　 差动轮系

表 4-1-2　轮系的分类

类型	含义	示意图	备注
定轴轮系	所有齿轮在运转时的几何轴线位置相对于机架均固定的轮系	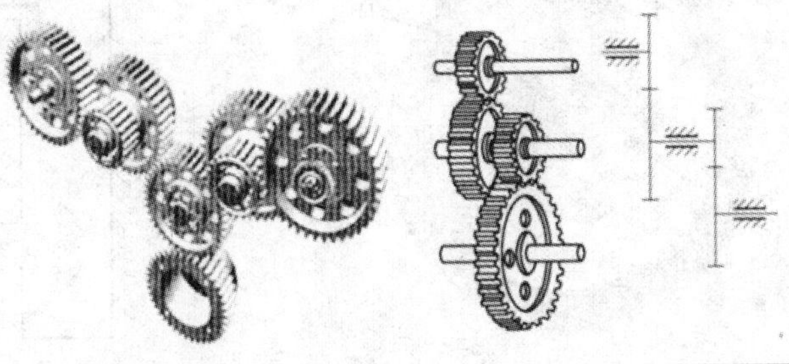	应用广泛,如车床主轴箱,可获得多种转速,并能换向
周转轮系	轮系在运转时,至少有一个齿轮的几何轴线绕另一齿轮的几何轴线转动	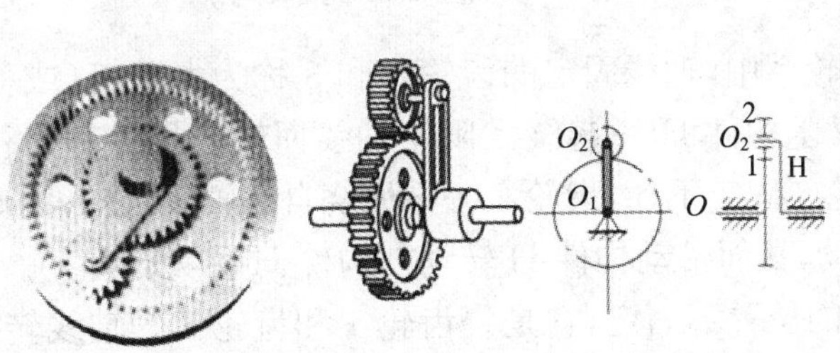	齿轮 2 一方面绕自己轴线自转,同时还随齿轮 1 的轴线转动

1.定轴轮系

轮系运转时,所有齿轮(包括蜗杆、蜗轮)的几何轴线位置均固定不动,这种轮系称为定轴轮系。如图 4-1-18 和 4-1-19 所示,所有的齿轮轴线在传动中都是固定不动的。

图 4-1-18　定轴轮系的实例

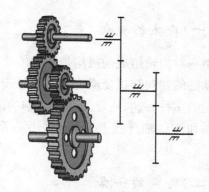

图 4-1-19　定轴轮系结构图

2. 周转轮系

当轮系运转时,轮系中至少有一个齿轮的几何轴线绕另一齿轮的几何轴线转动,这种轮系称为周转轮系。如图 4-1-20 所示,所有的齿轮轴线在传动中至少有一个齿轮轴线是不断变化的。

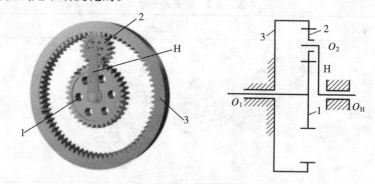

图 4-1-20　周转轮系

在周转轮系中,轴线固定的齿轮 1 和 3 称为太阳轮(或称中心轮);既绕自己轴线自转,又随构件 H 一起绕太阳轮轴线回转的齿轮称为行星轮。当齿轮 1 转动时,内齿轮 3 固定不动,齿轮 2 一方面绕自己轴线自转,同时还随其轴线绕齿轮 1 的轴线转动,从而带动构件 H 转动。构件 H 称为行星架。在这个轮系传动时,齿轮 2 轴线的位置不固定,它是绕齿轮 1 和齿轮 3 的轴线转动,故此轮系为周转轮系。

(1)周转轮系的结构。周转轮系一般由中心轮、行星轮和行星架组成,齿圈位于中心位置,绕着轴线回转的称为中心轮;齿轮同时与中心轮和齿圈相啮合,既做自转又做公转的称为行星轮,而支持行星轮的构件称为行星架。

①如果两个中心轮都能转动,中心轮的转速都不为零,则称为差动轮系,这种周转轮系具有两个自由度。

②如果只有一个中心轮能够转动,另一个中心轮的转速为零,则称为行星轮系,这种周转轮系具有一个自由度。

③在周转轮系中,中心轮 1、3 与系杆 H 称为周转轮系的基本构件。

（2）差动轮系。差动轮系有两个自由度，当给定 3 个基本构件中任意两个的运动后，第 3 个基本构件的运动才能确定，即第 3 个基本构件的运动为另外两个基本构件的运动的合成，或者将一个基本构件的运动按可变的比例分解为另外两个基本构件的运动。

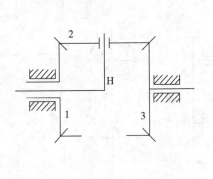

图 4-1-21　差动轮系

（三）轮系的应用

1. 轮系可获得很大的传动比

当两轴之间需要较大的传动比时，如果仅由一对齿轮传动，则大小齿轮的齿数相差很大，会使小齿轮极易磨损。若用轮系就可以克服上述缺点，而且使结构紧凑。如航空发动机的减速器。

2. 轮系可做较远距离的传动

若两轴距离较远时，用一对齿轮传动，齿轮尺寸必然很大。若采用轮系传动，则结构紧凑，并能进行远距离传动。

3. 轮系可实现变速、换向要求

如机床主轴的转速，有时要求高，有时要求低，有时要求正转，有时要求反转。若采用滑移齿轮等变速机构组成轮系，即可实现多级变速要求和变换转动方向。

4. 轮系可合成或分解运动

采用周转轮系可将两个独立运动合成为一个运动，或将一个独立运动分解成两个独立的运动，如汽车传动轴。

（四）轮系传动比的计算

1. 一对齿轮传动的传动比

由一对齿轮组成的传动是齿轮传动的最简单形式。一对齿轮啮合传动时，其传动比指的是两个齿轮的角速度或转速之比，且传动比的大小与两个齿轮的齿数成反比。

（1）圆柱齿轮外啮合的传动比。当两个圆柱齿轮外啮合时，两个齿轮的转动方向相反，规定其传动比数值的大小为负，在传动比的前面加上符号"−"。

$$i_{12}=\frac{\omega_1}{\omega_2}=\frac{n_1}{n_2}=-\frac{z_2}{z_1}$$

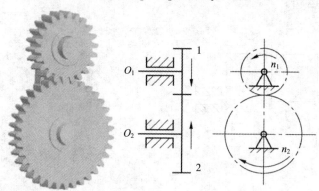

图 4-1-22　圆柱齿轮外啮合的传动比

（2）圆柱齿轮内啮合的传动比。当两个齿轮内啮合时，两个齿轮的转动方向相同，规定其传动比数值的大小为正，在传动比的前面加上符号"＋"。

传动比可表示为：

$$i_{12}=\frac{\omega_1}{\omega_2}=\frac{n_1}{n_2}=+\frac{z_2}{z_1}$$

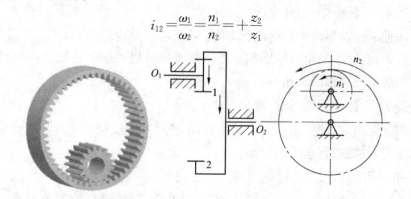

图 4-1-23　圆柱齿轮内啮合的传动比

2.定轴轮系的传动比

轮系中首末两轮的转速之比，称为该轮系的传动比，若在定轴轮系中，首轮（主动轮）的转速为 n_1，末轮（从动轮）的转速为 n_k，外啮合圆柱齿轮对数为 m，则轮系传动比为：

$$i_{1k}=\frac{n_1}{n_2}=(-1)^m\times\frac{所有从动轮齿数连乘积}{所有主动轮齿数连乘积}$$

在图 4-1-24 的平面定轴轮系中，由于各个齿轮的轴线相互平行，根据一对外啮合齿轮副的相对转向相反、一对内啮合齿轮副的相对转向相同的关系，如果已知各轮的齿数和转速，则各对齿轮副的传动比为：

$$i_{12}=\frac{n_1}{n_2}=-\frac{z_2}{z_1}$$

$$i_{2'3}=\frac{n_2}{n_3}=\frac{z_3}{z_{2'}}$$

$$i_{3'4}=\frac{n_3}{n_4}=-\frac{z_4}{z_{3'}}$$

$$i_{45}=\frac{n_4}{n_5}=-\frac{z_5}{z_4}$$

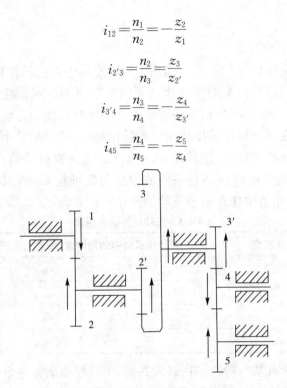

图 4-1-24 定轴轮系传动比的计算

将以上各式等号两边分别连乘后得：

$$i_{12}i_{2'3}i_{3'4}i_{45}=\frac{n_1 n_2 n_3 n_4}{n_2 n_3 n_4 n_5}=(-1)^3\frac{z_2 z_3 z_4 z_5}{z_1 z_{2'} z_{3'} z_4}$$

因此：

$$i_{15}=\frac{n_1}{n_5}=\frac{z_2 z_3 z_5}{z_1 z_{2'} z_{3'}}$$

由上式知,定轴轮系首、末两轮的传动比等于组成轮系的各对齿轮传动比的连乘积,其大小等于所有从动轮齿数的连乘积与所有主动轮齿数的连乘积之比,其正负号则取决于外啮合的次数。传动比为正号时表示首、末两轮的转向相同,为负号时表示首、末两轮的转向相反。

假设定轴轮系首末两轮的转速分别为 n_F 和 n_L,则传动比的一般表达式是：

$$i_{FL}=(-1)^m\frac{\text{从 F 到 L 之间所有从动轮齿数连乘积}}{\text{从 F 到 L 之间所有主动轮齿数连乘积}}$$

式中：m 表示轮系从齿轮 F 到齿轮 L 的外啮合次数。n_F 和 n_L(r/min)都是代数量(既有大小,又有方向)。

在图 4-1-24 中的定轴轮系中,齿轮 4 与齿轮 3′ 和 5 同时啮合。齿轮 4 和 3′ 啮合时,它为从动轮,齿轮 4 和 5 啮合时,它为主动轮,因此在计算公式的分子和分母中都出现齿数 z_4,而互相抵消,说明齿轮 4 的齿数不影响传动比的大小。但是由于它的存在而增加了一次外啮合,改变了轮系末轮的转向。这种齿轮称为惰轮。

3. 周转轮系传动比

周转轮系与定轴轮系的本质区别在于周转轮系中有行星轮存在，或者说有一个系杆存在，所以，周转轮系的传动比就不能直接使用求定轴轮系传动比的计算公式来进行计算。因此，在分析周转轮系的传动比时采用的方法是反转法。

反转法就是在系杆以角速度转动的周转轮系中，假想给整个定轴轮系加上一个绕系杆转动的公共角速度，这并不影响构件之间的相对运动，但是却可以让系杆的角速度变为 0，从而将周转轮系变成假想的定轴轮系，利用定轴轮系传动比的公式，求出周转轮系中任意两个齿轮的传动比。见表 4-1-3 所示。

表 4-1-3　周转轮系的角速度

构件代号	原角速度	在转化机构中的角速度（相对于系杆的角速度）
1	ω_1	$\omega_1^H = \omega_1 - \omega_H$
2	ω_2	$\omega_2^H = \omega_2 - \omega_H$
3	ω_3	$\omega_3^H = \omega_3 - \omega_H$
H	ω_H	$\omega_H^H = \omega_H - \omega_H$

周转轮系中所有基本构件的回转轴共线，可以根据周转轮系的转化机构写出三个基本构件的角速度与其齿数之间的比值关系式。已知两个基本构件的角速度向量的大小和方向时，可以计算出第三个基本构件角速度的大小和方向。

【例】　已知轮系中，$z_1 = 48$、$z_2 = 27$、$z_{2'} = 45$、$z_3 = 102$、$z_4 = 120$，设输入转速 $n_1 = 3\,750$ r/min。求齿轮 4 的转速 n_4 和传动比 i_{14}。

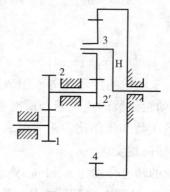

图 4-1-25　轮系

解：(1)区分基本轮系。在混合轮系中，齿轮 1、齿轮 3 和双联齿轮组成行星轮系，齿轮 1、齿轮 4 和双联齿轮组成差动轮系。

(2)分别计算两个基本轮系的传动比。在行星轮系中：

$$i_{13}^H = \frac{n_1^H}{n_3^H} = \frac{n_1 - n_H}{n_3 - n_H} = -\frac{z_2 z_3}{z_1 z_2} = -\frac{z_3}{z_1} = -\frac{102}{48} = -2.125$$

将数值代入，并进行计算，可求出系杆 H 的转速：

$$n_H = 1200 \text{ r/min}$$

在差动轮系中：

$$i_{14}^{H} = \frac{n_1^H}{n_4^H} = \frac{n_1 - n_H}{n_4 - n_H} = \frac{z_2 z_4}{z_1 z_{2'}} = -\frac{27 \times 120}{48 \times 45} = -1.5$$

(3)求齿轮 4 的转速。将系杆 H 的转速 $n_H = 1\,200$ r/min 代入差动轮系的计算公式中,可求得齿轮 4 的转速。

将以上两个传动比的计算公式联立求解,即可得到所需要的传动比或某一个构件的转速。

(4)求传动比 i_{14}。

$$i_{14} = \frac{n_1}{n_4} = \frac{3\,750}{-500} = -7.5$$

(五)特殊轮系

1. 摆线针轮行星轮系

(1)传动比范围大,体积小,重量轻,效率高。

(2)摆线轮和针轮之间可以加套筒,使针轮和摆线轮之间成为滚动摩擦,轮齿磨损小,使用寿命长。

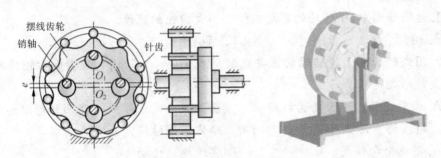

图 4-1-26　摆线针轮行星轮系

2. 谐波齿轮系

(1)谐波齿轮传动的结构

谐波齿轮传动是一种依靠弹性变形来实现传动的新型传动,突破了机械传动采用刚性构件机构的模式,而是使用了一个柔性构件机构来实现机械传动。

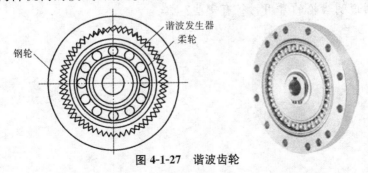

图 4-1-27　谐波齿轮

(2)谐波齿轮传动的特点

①谐波发生器由凸轮及薄壁轴承组成,随着凸轮转动,钢轮是刚性的内齿轮,柔轮是具有弹性的外齿轮。

②传动比大,体积小,重量轻。

③啮合的齿数多,传动平稳,承载能力大。

④在齿的啮合部分滑移量极小,摩擦时损失小,故传动效率高。

课后练习

一、填空题

1.在定轴轮系中,每一个齿轮的_____都是固定的。

2.轮系可以获得_____的传动比,并可进行_____距离的传动。

3.蜗杆传动由_____和_____组成,通常_____为主动件,_____为从动件。

4.圆柱蜗杆中应用最广泛的是_____,这种蜗杆在轴向的齿廓形状为_____,因此又称为_____蜗杆。

二、选择题

1.齿轮传动中,小齿轮的宽度应( )大齿轮的宽度。

A.稍大于　　　　B.等于　　　　C.稍小于　　　　D.无要求

2.闭式软齿面齿轮传动的主要失效形式是( ),闭式硬齿面齿轮传动的主要失效形式是( )。

A.齿面点蚀　　B.轮齿折断　　C.齿面胶合　　　　D.齿面塑形变形

3.轮系的下列功用中,( )功用必须依靠周转轮系来实现。

A.实现变向转动　　　　　　B.实现变速传动

C.实现大的传动比　　　　　D.实现运动的合成和分解

三、问答题

1.齿轮传动的类型有哪些?

2.渐开线齿轮不发生根切的最少齿数是多少?

3.齿轮的失效形式有哪些?

4.举例说明齿轮的常用材料有哪些?

任务 2　　带传动

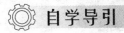 **自学导引**

一、学习指南

1. 课题名称

带传动。

2. 达成目标

(1)了解带传动的工作原理、特点、类型和应用。

(2)了解 V 带的结构和标准。

(3)了解 V 带轮的材料和结构。

(4)会选用 V 带传动的参数。

(5)能正确安装、张紧、调试和维护 V 带传动。

3. 学习方法建议

网络自主学习结合课堂学习、讨论。

二、学习任务

通过本节的学习,使学生懂得带传动的工作原理,并懂得选用与维护带传动装置,掌握带传动的设计要求和方法。

三、困惑与建议

_____

_____

_____。

相关知识

带传动是利用张紧在带轮上的传动带与带轮的摩擦或啮合来传递运动和动力的。带传动应用广泛,机床、缝纫机、汽车等均应用了带传动(图 4-2-1)。那么在实际应用中,我们应如何选用传动带?

通过本任务的学习,将懂得带传动的工作原理,并懂得如何选用与维护带传动装置。

(a)机床

(b)缝纫机

(c)汽车

图 4-2-1　带传动的应用

一、带传动的组成、基本原理和特点

带传动是通过带和带轮之间的摩擦或啮合传递运动和动力的传动装置。

(一)带传动的组成

带传动由主动带轮、从动带轮和传动带组成。靠带与带轮之间接触面的摩擦力来传递运动和动力,属于利用中间挠性件的摩擦运动。如图 4-2-2 所示。

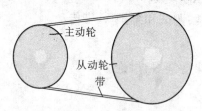

图 4-2-2　带传动的组成

(二)带传动的基本原理

如图 4-2-3 所示。

(1)当主动轮回转时,由于摩擦力的作用会带动传动带运动,之后传动带又依靠摩擦力带动从动轮回转。

(2)带传动在未工作时主动轮上的驱动转矩为零,带轮两边的带受到的拉力相等。

(3)工作时,由于带与带轮接触面间的摩擦力作用,使绕入主动轮的一边被进一步拉紧,称为紧边,其所受到的拉力由 F_0 增大到 F_1。而带的另一边则被放松,其所受到的拉力由 F_0 降到 F_2。

(4)紧边拉力大小与松边拉力大小的差值($F_1 - F_2$)为带传动中起传递转矩作用的拉力,称为有效拉力 F。

(5)$F = F_1 - F_2$,F 在数值上等于传动带与小带轮接触面上产生的摩擦力总和 F_f。

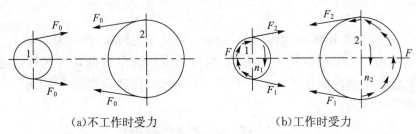

(a)不工作时受力   (b)工作时受力

图 4-2-3　带传动工作受力图

(三)带传动的类型

带传动分为摩擦带传动和啮合带传动两大类。按带横截面的形状不同,带传动可分为平带传动、V 带传动、圆带传动和同步带传动等。其中平带传动、V 带传动、圆带传动为摩擦带传动,同步带传动为啮合带传动。见表 4-2-1。

表 4-2-1　带传动的类型

类型		图示	特点	
摩擦类	圆带传动		带有弹性,能缓冲、吸振,传动平稳,无噪声,使用维护方便,可用于中心距较大的传动场合;过载时,带发生打滑,对其他零件起保护作用;传动比不准确,带的寿命较短,传动效率低	传动能力小,主要用于低速、小功率传动
	平带传动			带的内面是工作面,质量轻且挠曲性好,多用于高速和中心距较大的传动
	V 带传动			截面形状为等腰梯形,两侧面为工作面,在相同张紧力和摩擦系数情况下,V 带传动能力比平带大,结构更加紧凑
啮合类	同步带传动		靠带内侧的齿与带轮的齿啮合传递运动和动力,传动比较准确,但价格较贵	

(四)带传动的传动比及其计算

带传动的传动比就是主动带轮与从动带轮的速度之比,用 i_{12} 表示。

$$i_{12} = n_1/n_2$$

其中，n_1 为主动轮转速，单位为 r/min；n_2 为从动轮转速，单位为 r/min。

若不考虑传动带在带轮上的滑动，则传动带的速度与两轮的圆周线速度相等。主动轮和从动轮的直径分别是 D_1 和 D_2（mm），转速分别是 n_1 和 n_2（r/min），则传动带的速度为：

$$v = \frac{\pi D_1 n_1}{60 \times 1000} = \frac{\pi D_2 n_2}{60 \times 1000}\left(\frac{\text{m}}{\text{s}}\right)$$

则：

$$i_{12} = \frac{n_1}{n_2} = \frac{D_2}{D_1}$$

(五)带轮的中心距

带轮的中心距为两带轮中心之间的距离。中心距是带传动重要的参数之一，中心距过大将导致带的载荷变化引起带的颤动，使传动不平稳。中心距也不宜过小，过小则带的长度越短，单位时间内带的应力次数变化越多，加速带的损坏。如图 4-2-4 所示。

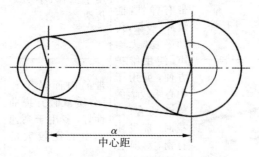

图 4-2-4　带轮的中心距

(六)带传动的主要特点

1. 带传动的优点

(1)带传动适用于远距离传送，改变带的长度可适应不同的中心距（最长可达 15 m）。

(2)带具有良好的弹性，能够缓冲和吸振，因此传动平稳、噪声小。

(3)过载时带与带轮间产生打滑，可防止其他零件损坏。

(4)带的结构简单，制造和安装精度要求不高，不需要润滑，维护方便，成本低廉。

2. 带传动的缺点

带传动和摩擦轮传动一样，也有缺点。

(1)带在工作时会产生弹性滑动和打滑，不能保证精确的传动比。

(2)带传动的轮廓尺寸大,传动效率低,带传动的一般功率为 50～100 kW,带速为 5～25 m/s,传动比不超过 5,效率为 92%～97%。

带传动广泛应用在工程机械、矿山机械、化工机械和交通机械等。带传动常用于中小功率的传动;摩擦带传动的工作速度一般为 5～25 m/s,啮合带传动的工作速度可达 50 m/s;摩擦带传动的传动比一般不大于 7,啮合带传动的传动比可达 10。

二、V 带

V 带是没有接头的环形带,由顶胶、抗拉层、底胶和包布层组成。如图 4-2-5 所示。

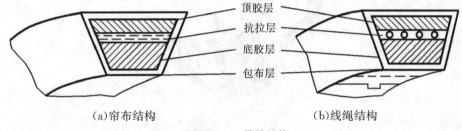

（a)帘布结构　　　　　　　　　　（b)线绳结构

图 4-2-5　V 带的结构

包布层由胶帆布制成,主要起耐磨和保护作用;顶胶层和底胶层一般用橡胶制成,在 V 带工作时分别受到拉伸和压缩;抗拉层是 V 带工作时的主要承载部分,有帘布和线绳两种结构,其中帘布结构的 V 带抗拉强度高,制造方便,应用较广;线绳式的柔韧性和抗疲劳强度好,适用于载荷不大、带轮直径较小及转速较高的场合。

V 带是标准件,V 带的标记由型号、基准长度和标准号组成。

普通 V 带的型号分为 Y、Z、A、B、C、D、E 7 种,截面尺寸依次增大。V 带的截面积越大,传递功率越大。截面尺寸见表 4-2-2。

表 4-2-2　普通 V 带截面尺寸(摘自 GB/T11544-1997)

型号	Y	Z	A	B	C	D	E
顶宽 b/mm	6.0	10.0	13.0	17.0	22.0	32.0	38.0
节宽 b_p/mm	5.3	8.5	11.0	14.0	19.0	27.0	32.0
高度 h/mm	4.0	6.0	8.0	11.0	14.0	19.0	25.0
每米带长质量 m/(kg/m)	0.04	0.06	0.10	0.17	0.30	0.60	0.87

141

三、V 带轮

(一)V 带轮结构

带轮通常由轮缘、轮辐和轮毂组成。带轮的外圈是轮缘,在轮缘上有梯形槽,与轴配合的部分称为轮毂,连接轮毂与轮缘的部分称为轮辐。如图 4-2-6 和 4-2-7 所示。

轮缘

轮毂

轮辐

图 4-2-6   V 带轮

(a)实心式   (b)腹板式   (c)孔板式   (d)轮辐式

图 4-2-7   V 带带轮的常用结构

带轮是带传动中的重要零件,它必须满足下列条件要求:质量分布均匀,安装对中性好,工作表面要经过精密加工,以减少磨损,重量尽可能轻,强度足够,旋转稳定。

(二)V 带轮材料

V 带轮材料主要根据带轮的圆周速度进行选择,具体参照表 4-2-3。

表 4-2-3   V 带轮材料及适用范围

材料	适用范围	速度
工程塑料或薄铁板	低速转动	圆周速度 $v < 15$ m/s
铸铁材料,如 HT150,HT200	中速转动	圆周速度 15 m/s $\leq v < 30$ m/s
铸钢或轻合金	高速转动	圆周速度 $v \geq 30$ m/s

四、V 带传动的张紧、安装和维护

(一)普通 V 带传动的张紧

由于传动带工作一段时间后,会产生永久变形而使带松弛,使初拉力 F_0 减少而影响带传动的工作能力,因此需要重新采取一些措施。常用的张紧可采用调整中心距(中心距可调时)和使用张紧轮(中心距不可调时)两种方法。见表 4-2-4。

表 4-2-4　带传动常用的张紧方法

张紧方法	结构简图	应用场合
调整中心距	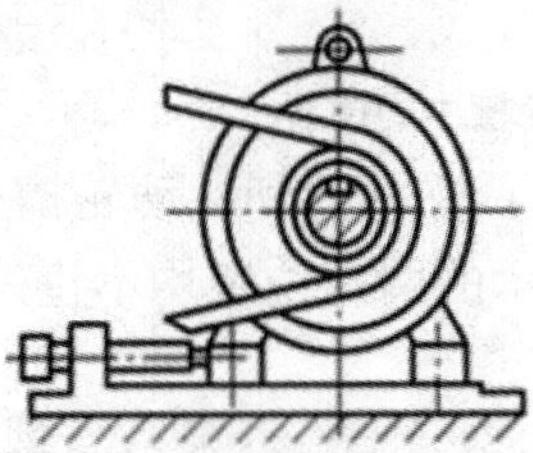	在水平传动(或接近水平)时,电动机装在滑槽上,利用调整螺钉调整中心距
	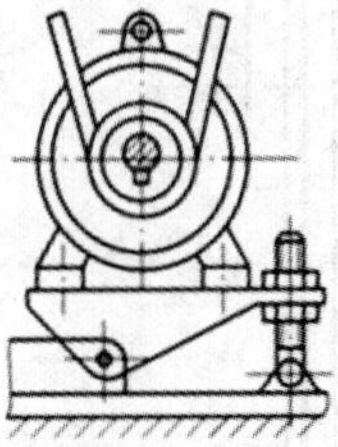	电动机可装在架座上,利用调整螺钉来调整中心距,适用于两轴线相对安装支架垂直或接近垂直的传动
	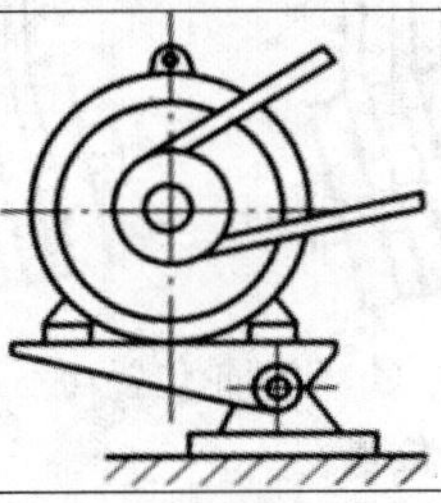	利用电动机自身的重量下垂,以达到自动张紧的目的,适用于中、小功率的传动
使用张紧轮	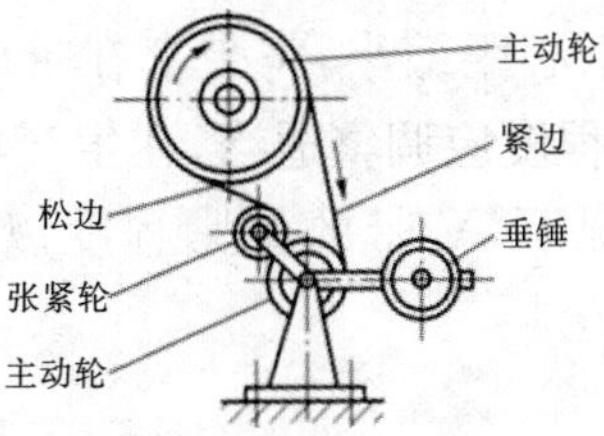	当两带轮的中心距不能调整时,可采用张紧轮定期将带张紧。左图为平带传动时采用的张紧轮装置,是利用重锤使张紧轮张紧平带,平带传动时的张紧轮应安放在平带松边的外侧,并靠近小带轮处,这样使小带轮的包角得以增大,提高了平带的传动能力
	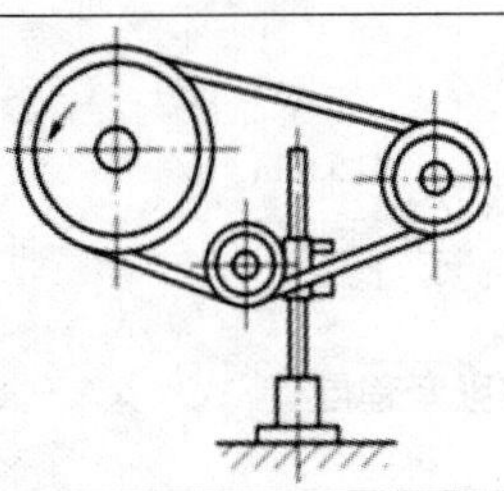	V 带传动时采用的张紧轮装置应安放在 V 带松边的内侧,这样可使 V 带传动时只受到单方向的弯曲,同时张紧轮应尽量靠近大带轮的一边,从而使小带轮的包角不至于过分减小

（二）V带传动的安装与维护

（1）应按设计要求选取带型、基准长度和根数。新、旧带不能混用，否则各带受力就不均匀。

（2）V带在轮槽中应有正确的位置。

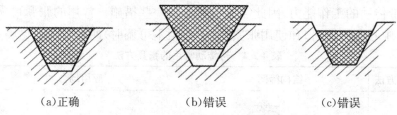

　　　　（a）正确　　　　　　　（b）错误　　　　　　　（c）错误

图 4-2-8　V带在轮槽中的位置

（3）安装带轮时，两带轮轴线应相互平行，主动轮和从动轮槽必须调整在同一平面内，如图 4-2-9(a)所示。图 4-2-9(b)所示的两轮位置均不正确，因为这样会引起传动时 V 带的扭曲和两侧面过早磨损。

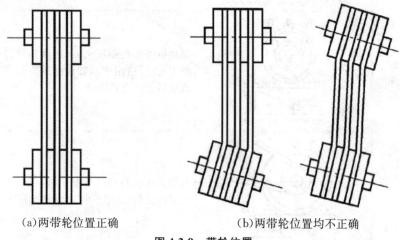

　　　　（a）两带轮位置正确　　　　　　　　　（b）两带轮位置均不正确

图 4-2-9　带轮位置

（4）套装带时不得强行撬入，应先将中心距缩小，将带套在带轮轮槽上后，再慢慢调大中心距，使带张紧。V带的张紧程度应调整适当，在生产实践中，一般可根据经验来调整，如在中等中心距的情况下，V带的张紧程度以大拇指能按下 15 mm 左右为合适，如图 4-2-10 所示。

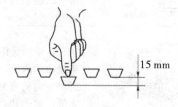

15 mm

图 4-2-10　V带张紧程度

(5)对 V 带传动应定期检查有无松弛和断裂现象(一般带的寿命为 25 00～3 500 h),以便及时张紧和更换 V 带;更换时必须使一组 V 带中的各根带的实际长度尽量相等,以使各根 V 带传动时受力均匀,所以要求成组更换。

(6)由于带传动一般安装在高速级的传动中,因此带传动必须安装防护罩,以保证传动件不外露,同时防止发生意外时绞伤人,防止 V 带与酸、碱、油类等对橡胶有腐蚀作用的介质接触,防止 V 带在露天作业时曝晒和沾染灰尘,避免过早老化。

(7)带传动的拆装必须在传动停止后进行,决不允许用肢体去接触任何转动零件,以避免出现伤亡事故。

课后练习

一、填空题

1.带传动的特点是传动_____、能_____和吸振,过载时有_____现象,传动比_____。

2.带传动一般置于高速级的原因是_____。

3.弹性滑动是由于_____而产生的,它_____(影响、不影响)带的正常工作。

4. V 带的截面形状为_____,工作面为_____,夹角为_____。

5. V 带的结构有_____、_____。它们都由_____、_____、_____、_____、_____组成,两者不同处在于_____不同。

二、判断题

1.带传动是依靠带对从动轮的拉力来传递运动和动力的。   (   )

2.打滑是不利的,必须要绝对避免。   (   )

3.在普通 V 带的七种型号中,A 型截面积最大,O 型截面积最小。   (   )

4.在传递功率一定的情况下,V 带的速度太大或太小,都同样产生打滑现象,因此 V 带的传动速度一般限制在 5～25 m/s。   (   )

任务 3　链传动

 自学导引

一、学习指南

1. 课题名称

链传动。

2. 达成目标

(1)了解链传动的工作原理、类型、特点和应用。

(2)会计算链传动的平均传动比。

(3)了解链传动的安装与维护。

(4)能合理选用链传动的参数。

3. 学习方法建议

网络自主学习结合课堂学习

二、学习任务

通过观看链传动应用实例视频,了解链传动的工作原理,并懂得链传动的安装与维护,掌握链传动的平均传动比,做到能合理选用链传动的参数,为链传动的学习打下基础。

三、困惑与建议

_____

_____

_____。

 相关知识

自行车、摩托车、起重机、链式输送机等常见机械都采用链传动进行运动和动力的传递。

(a)自行车　　　　　　　　(b)摩托车

图 4-3-1　链传动的应用

观察自行车和摩托车的链传动,注意以下几点:

(1)前后链轮的大小。

(2)链条的结构。

(3)链条的接头形式。

想一想:

(1)链传动的应用场合和带传动一样么?

(2)自行车的主动链轮为什么比从动链轮大?

一、链传动的组成和特点

(一)链传动的组成

链传动是由装在平行轴上的主、从动链轮和绕在链轮上的环形链条所组成,如图 4-3-2 所示。链传动通过链节与链轮齿间的不断啮合和脱开而传递运动和动力,它属于啮合传动。

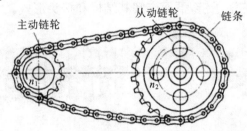

图 4-3-2　链传动的组成

(二)链传动的特点

1. 链传动的主要优点

(1)由于是啮合传动,没有滑动现象,所以平均传动比恒定不变。

(2)工况相同时,传动尺寸比较紧凑。

(3)不需要很大的张紧力,对轴的压力小。

(4)能传递较大的圆周力,效率较高。

(5)能在较恶劣的环境下工作。

2. 链传动的主要缺点

(1)仅能用于两平行轴间的传动。

(2)成本高,易磨损,易伸长,传动平稳性差。

(3)运转时会产生附加载荷、振动、冲击和噪声,不宜用在急速反转的传动中。

因此,链传动多用在不宜采用带传动与齿轮传动,而两轴平行且距离较远、功率较大、平均传动比准确的场合。

二、链传动的类型

链传动的类型很多,按用途不同,链传动分为传动链、起重链和牵引链。见表4-3-1。

表 4-3-1　链传动不同用途的类型

传动类型	主要用途	工作速度
传动链	传递动力	$v \leqslant 20 \, m/s$
起重链	起重机械中提升重物	$v < 0.25 \, m/s$
牵引链	运输机械中移动重物	$v \geqslant 2 \sim 4 \, m/s$

其中传动链应用最为广泛。传动链的种类繁多,最常用的是滚子链和齿形链。

(一)套筒滚子链

套筒滚子链简称滚子链,下面讲解其结构和接头形式。

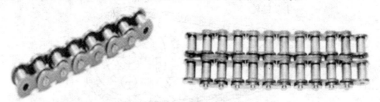

图 4-3-3　套筒滚子链实物图

1. 滚子链的结构

套筒滚子链由内链板、外链板、销轴、套筒和滚子五部分组成,如图 4-3-4 所示。为了避免受力不均匀,一般多采用两排、三排、最多四排链。将销轴与外链板、套筒与内链板分别用过盈配合固定,销轴与套筒、滚子与套筒为间隙配合,以形成转动。如图 4-3-5 所示。当链与链轮啮合时,滚子与轮齿之间为滚动摩擦。内外链板均为 8 字形,这样既可保证链板各横截面等强度,又可减轻链的质量。

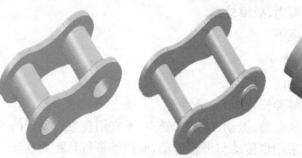

(a)套筒与内链板的配合　　(b)销轴与外链板的配合　　(c)滚子与套筒的配合

图 4-3-5　滚子链组成的配合

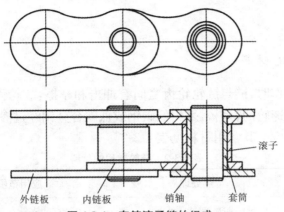

图 4-3-4　套筒滚子链的组成

2. 滚子链的接头形式

滚子链接头有三种形式,分别是开口销式、卡簧式和过渡链节式,过渡链节式,如图 4-3-6 所示。当一根链的链节数为偶数时,大链节可采用开口销式,小链节可采用卡簧式(卡簧开口应装在与其运动方向相反处)。当链节数为奇数时,可采用过渡链节式。

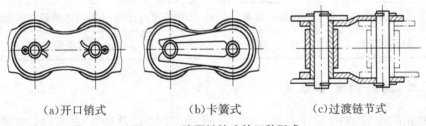

(a)开口销式　　　　(b)卡簧式　　　　(c)过渡链节式

图 4-3-6　滚子链接头的三种形式

(二)齿形链

齿形链是由铰链连接的齿形板组成,如图 4-3-7 所示。与滚子链比较,它传动平稳、噪音较小,能传动较高速度,但摩擦力较大,易磨损。

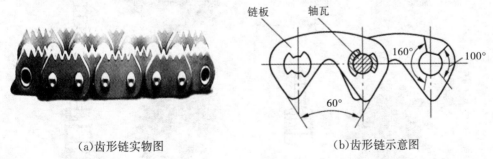

(a)齿形链实物图　　　　　　　(b)齿形链示意图

图 4-3-7　齿形链

三、链轮

(一)链轮的材料

在链传动工作时,链与链轮轮齿之间有冲击和摩擦,故轮齿应有足够的接触强度和耐磨性。链轮的材料常采用低碳钢或低碳合金钢经过渗碳淬火处理,以提高轮齿表面的硬度。其常用材料见表 4-3-2。

表 4-3-2　链轮常用的材料

材料	热处理	应用范围
15、20	渗碳、淬火、回火	$z \leqslant 25$,有冲击载荷的主、从动轮
35	正火	在正常工作条件下,齿数较多的链轮
40、50、ZG10-570	淬火、回火	无剧烈振动及冲击的链轮
15Cr、20Cr	渗碳、淬火、回火	有动载荷及传递较大功率的重要链轮
35SiMn、40Cr、35CrMo	淬火、回火	使用优质链条,重要的链条
Q235、Q275	焊接后退火	中等速度、传递中等功率的较大链轮
普通灰铸铁	淬火、回火	$z_2 > 50$ 的从动轮

(二)链轮的主要结构

链轮的主要结构形式有实心式、孔板式、焊接式及装配式四种,如图 4-3-8 所示。

(a)实心式　　　　　　　　(b)孔板式

(c)焊接式　　　　　　　　(d)装配式

图 4-3-8　链轮的主要结构形式

四、链传动的安装与维护

(一)链传动的安装

(1)水平布置时应保持两链轮的回转平面在同一铅垂平面内,并保持两轮轴线相互平行,否则易引起脱链和产生不正常磨损。即两轴平行,链轮同平面,如图4-3-9所示。

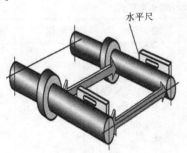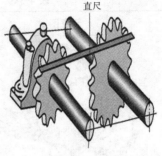

（a）检查轴的水平和平行情况　　　　（b）检查链轮的共面情况

图 4-3-9　链传动两轴平行时的安装

(2)倾斜布置时两链轮中心线与水平线夹角 Φ 尽量小于 45°,以免下方的链轮啮合不良或脱离啮合。

(3)垂直布置时要避免两链轮的中心线成 90°,可使上下链轮左右偏移一段距离。

(二)链传动的张紧

链条张紧的目的主要是避免链条垂度过大时产生啮合不良和链条的振动现象,并增加与链轮的啮合包角。链条的张紧方法包括调整中心距张紧、去掉 1～2 个链节、采用张紧轮(如图 4-3-10 所示)。张紧轮多位于靠近主动轮的松边外侧,也可位于内侧,其形状可以是链轮,也可以是无齿的滚轮(如图 4-3-10(a)和图 4-3-10(b)所示)。此外,还可用压板张紧(如图 4-3-10(c)所示)。

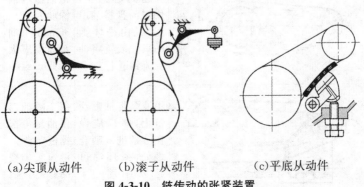

（a）尖顶从动件　　　（b）滚子从动件　　　（c）平底从动件

图 4-3-10　链传动的张紧装置

（三）链传动的润滑

润滑方法和要求见表 4-3-3。对于开式链传动和不易润滑的链传动,可定期拆下用煤油清洗,干燥后将链浸入 70～80 ℃ 的润滑油中,待链间隙充满油后使用。见表 4-3-3。

表 4-3-3 链传动的润滑方式

润滑方式	示意图	润滑方法	供油量	适用范围
人工定期润滑		用油壶或油刷定期在链条松边内、外链板间隙注油	每班注油一次	适用于链速 $v \leqslant 4$ m/s 的不重要传动
滴油润滑		装有简单外壳,用油杯通过油管向松边的内、外链板间隙外滴油	单排链,每分钟供油 5～20 滴,速度高时取大值	适用于链速 $v \leqslant 10$ m/s 的传动
油浴润滑		采用不漏油的外壳,使链从密封的油池中通过	链条浸入油面过深,搅油损失大,油易发热变质,一般浸油深度为 6～12 mm 为宜	适用于链速 $v = 6 \sim 12$ m/s 的传动
飞溅润滑		在密封容器中,用甩油盘将油甩起,经由壳体上的集油装置将油导流到链上	甩油盘浸油深度为 12～35 mm,甩油盘速度应大于 3 m/s	净油深度一般为 12～15 mm
压力油循环润滑		用油泵将油喷到链上,喷口应设在链条进入啮合之处,循环油可起冷却作用	每个喷油口供油量可根据链节距及链速大小查阅有关手册	适用于链速 $v \geqslant 8$ m/s 的大功率传动

课后练习

一、填空题

1. 按用途不同,链传动可分为＿＿＿＿＿＿、＿＿＿＿＿＿和＿＿＿＿＿＿。

2. 套筒滚子链的接头形式有＿＿＿＿、＿＿＿＿和＿＿＿＿三种形式。

3. 链传动的传动比具有＿＿＿＿＿＿＿＿＿＿＿＿＿＿＿＿＿＿＿＿＿特点。

二、判断题

1. 链传动的承载能力与链的排数成正比,为避免受载不均匀,排数一般不超过四排。　　　　　　　　　　　　　　　　　　　　　　　　　　（　　）

2. 链传动平均传动比准确,故传动也具有准确的瞬时传动比。（　　）

3. 链传动对工作环境要求不高。　　　　　　　　　　　（　　）

三、选择题

1. 套筒滚子链中,以下各配合中属于过盈配合的是（　　）。

A. 销轴与内链板　　B. 销轴与外链板　　C. 套筒与外链板　　D. 销轴与套筒

2. 链传动的效率（　　）带传动的效率。

A. 远大于　　　　　B. 远小于　　　　　C. 近似等于　　　　　D. 不确定

3. 要求两轴相距较远,在工作条件恶劣的环境下能传递较大功率,宜选（　　）

A. 带传动　　　　　　　　　　　B. 链传动

C. 齿轮传动　　　　　　　　　　D. 蜗轮蜗杆传动

项目 5　常用机构

任务 1　铰链四杆机构

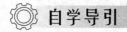 **自学导引**

一、学习指南

1.课题名称

铰链四杆机构。

2.达成目标

(1)知识目标

①了解铰链四杆机构的基本类型与应用。

②掌握铰链四杆机构类型的判别方法。

③掌握铰链四杆机构的演化。

④掌握铰链四杆机构的运动特性。

(2)能力目标

培养观察分析、归纳总结、解决实际问题和自主学习的能力。

(3)情感目标

激发学习兴趣,体会机械就在身边,从而进一步培养学习兴趣。

3.学习方法建议

自主学习,动手操作,将理论与实际相结合。

二、学习任务

1.任务介绍

通过概念题训练进一步理解铰链四杆机构的基本概念、组成和分类。通过总结性理论题目训练深入理解铰链四杆机构的类型和判别方法,并将知识转化为技能。设计具有思考性、能理论联系实际的题目,进一步提高将理论与实践相结合的应用能力。

2.第一梯度

①说出铰链四杆机构的组成部分。

②说出铰链四杆机构的类型及划分依据。

③家用缝纫机踏板是什么机构?它的主动件是什么?

3.第二梯度

①图 5-1-1 为铰链四杆机构,设杆 a 最短,杆 b 最长。试用符号和式子表明它构成曲柄摇杆机构的条件:(1)_____。(2)以_____为机架,则_____为曲柄。

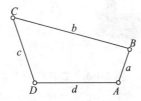

图 5-1-1 铰链四杆机构

4.第三梯度

①图 5-1-2(a)、(b)同是剪板机,试回答问题:

(a)图为_____机构。构件名称:_____;AB 是_____;BC 是_____;CD 是_____;AD 是_____。(b)图为_____机构。构件名称:_____;AB 是_____;BC 是_____;CD 是_____;AD 是_____。

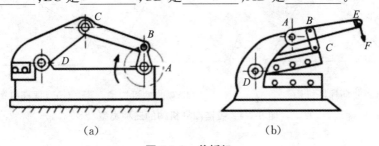

(a)   (b)

图 5-1-2 剪板机

三、困惑与建议

_____

_____

_____。

相关知识

平面连杆机构是由若干个刚性构件由低副(转动副、移动副)连接而成的平面机构,也称低副机构。平面连杆机构广泛应用在机械和仪表行业中,最简单的平面连杆机构是由四个构件组成的平面四杆机构。

一、铰链四杆机构的基本类型与应用

铰链四杆机构是构件用四个转动副连接而成的平面四杆机构，如图 5-1-3 所示。

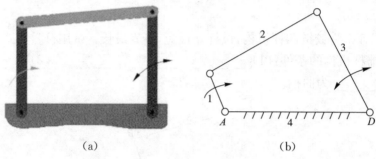

(a)　　　　　　　　　　　(b)

图 5-1-3　四杆机构

机构中固定不动的构件 4 称作机架，与机架相连的构件 1、3 称作连架杆，连接两连架杆的构件 2 称作连杆。连架杆中，能相对机架做 360°整周转动的称作曲柄；只能相对机架做小于 360°的往复摆动的称作摇杆。

铰链四杆机构按两连架杆的不同组合可分为三种基本形式，曲柄摇杆机构，双曲柄机构，双摇杆机构，如图 5-1-4 所示。

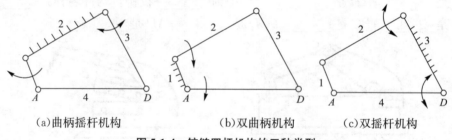

(a)曲柄摇杆机构　　　　　(b)双曲柄机构　　　　　(c)双摇杆机构

图 5-1-4　铰链四杆机构的三种类型

(一)曲柄摇杆机构

如图 5-1-4(a)所示，两连架杆中一个为曲柄，另一个为摇杆的铰链四杆机构，称为曲柄摇杆机构。

当曲柄为主动件时，该机构把曲柄的整周回转运动转换为从动件摇杆的往复摆动，如图 5-1-5 所示的雷达天线俯仰角调整机构。天线固定在摇杆 3 上，由曲柄 1 通过连杆 2 使天线缓慢摆动，要求摇杆实现一定的摆角，以保证天线具有指定的摆动角。

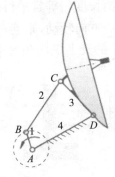

图 5-1-5　雷达天线俯仰角调整机构

当摇杆为主动件时,该机构能把摇杆的往复摆动转换为曲柄的回转运动,如图 5-1-6 所示的缝纫机踏板机构。脚踩在踏板(摇杆 CD)上,踏板通过连杆 BC 带动曲柄 AB 做整周转动。

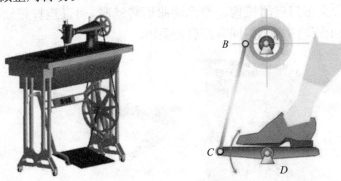

图 5-1-6　缝纫机踏板机构

(二)双曲柄机构

两连架杆均为曲柄的铰链四杆机构,称为双曲柄机构。如图 5-1-7 所示的惯性筛机构。当曲柄 AB 作等角速度转动时,曲柄 CD 作变角速转动,通过连杆 BC 使筛体产生变速直线运动,筛面上的物料由于惯性来回抖动,从而达到筛分物料的目的。

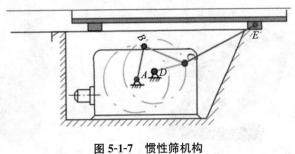

图 5-1-7　惯性筛机构

157

当双曲柄长度相等且平行时,如果主动曲柄作等速转动,从动曲柄以相同的角速度沿同一方向转动,则连杆作平行移动,该机构又称为平行四边形机构。如图 5-1-8 所示的天平机构和火车车轮机构。

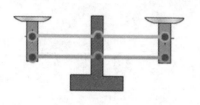

（a）天平机构　　　　　　　　　　　（b）火车车轮机构

图 5-1-8　平行四边形机构

如果从动曲柄与主动曲柄转向相反,该机构又称为反平行四边形机构。如图 5-1-9 所示的公交车门启闭机构。当主动曲柄转动时,通过连杆带动从动曲柄反方向转动,从而保证两扇车门同时开启或关闭。

图 5-1-9　公交车门启闭机构

（三）双摇杆机构

两连架杆均为摇杆的铰链四杆机构,称为双摇杆机构。双摇杆机构的应用很广,如图 5-1-10 所示的鹤式起重机和图 5-1-11 所示的飞机起落架都是双摇杆机构的应用。

图 5-1-10　鹤式起重机　　　　　　　**图 5-1-11　飞机起落架**

二、铰链四杆机构类型的判别

铰链四杆机构是否存在曲柄,取决于机构中各杆件的相对长度和机架的选择。如果存在曲柄,必须同时满足以下两个条件:

(1)最短杆与最长杆的长度之和小于或等于其他两杆之和,即 $L_{max}+L_{min} \leqslant L$(其余两杆长度之和)。

(2)连架杆或机架必有一杆为最短杆。

在存在曲柄的前提下,即满足 $L_{max}+L_{min} \leqslant L$(其余两杆长度之和)条件,取不同的构件做机架,即可分别得到三种不同的机构。见表 5-1-1。

表 5-1-1　三种不同铰链四杆机构的判别方法

类型	简图	曲柄存在条件
曲柄摇杆机构	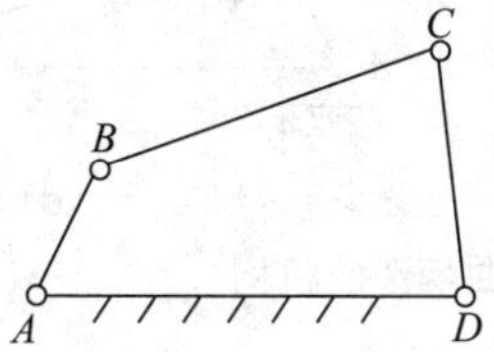 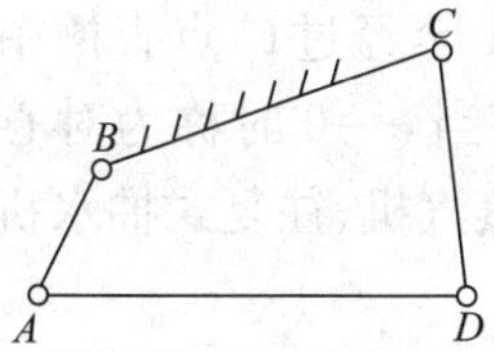	取最短杆的相邻杆为机架
双曲柄机构	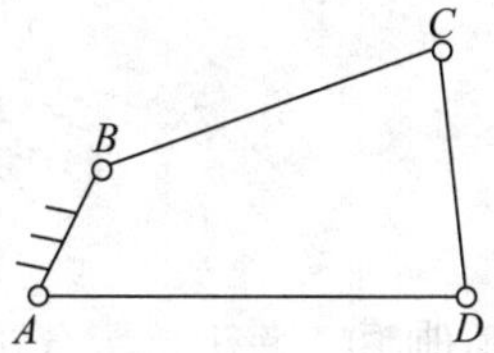	取最短杆为机架
双摇杆机构	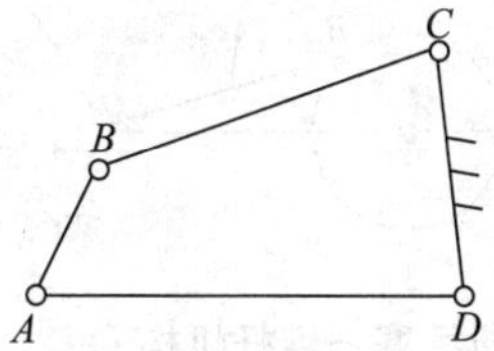	取最短杆的对边杆为机架

如果机构不满足存在曲柄的条件,即 $L_{max}+L_{min} > L$(其余两杆长度之和),那么无论取哪一个构件为机架,该机构都是双摇杆机构。

三、铰链四杆机构的演化

(一)曲柄滑块机构

图 5-1-12(a)所示曲柄摇杆机构,在机架 4 上制作一同样轨迹的圆弧槽,并将摇杆 3 做成弧形滑块置于槽中滑动,如图 5-1-12(b)所示。又若再将圆弧槽的半径增加至无穷大,其圆心 D 移至无穷远处,则圆弧槽变成了直槽,置于其中的滑

块3作往复直线运动,从而转动副 D 演化为移动副,曲柄摇杆机构演化为含一个移动副的四杆机构,称为曲柄滑块机构,如图 5-1-12(c)所示。

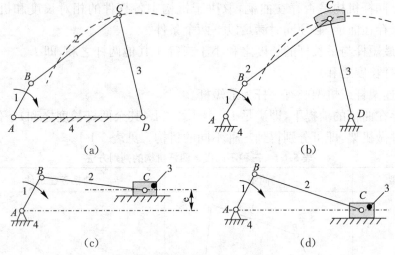

图 5-1-12　曲柄滑块机构

图 5-1-12(c)中 e 为曲柄回转中心 A 至经过 C 点直槽中心线的距离,称为偏距。当 $e\neq0$ 时称为偏置曲柄滑块机构;当 $e＝0$ 时称为对心曲柄滑块机构,如图 5-1-12(d)所示。内燃机(如图 5-1-13)、蒸汽机、往复式抽水机、空气压缩机及冲床等的主机构都是曲柄滑块机构。

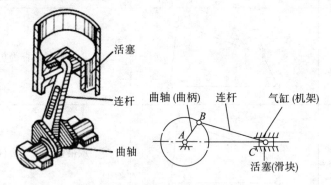

图 5-1-13　内燃机活塞—连杆机构

(二)偏心轮机构

在曲柄滑块机构或其他含有曲柄的四杆机构中,如果曲柄长度很短,则在杆状曲柄两端装设两个转动副将存在结构设计上的困难。因此,工程中常将曲柄设计成偏心距为曲柄长的偏心圆盘,如图 5-1-14 所示,该偏心圆盘称为偏心轮。曲柄为偏心轮结构的连杆机构称为偏心轮机构。这种机构常用于冲床、剪床和润滑油泵中。

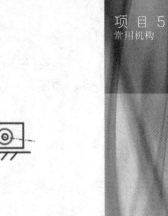

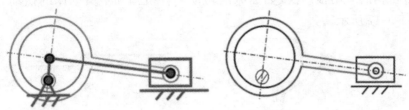

图 5-1-14 偏心轮机构

（三）其他机构

当改变机构中的机架时，曲柄滑块机构又可演化为导杆机构、摇块机构和移动导杆机构（又称定块机构），如图 5-1-15 所示。

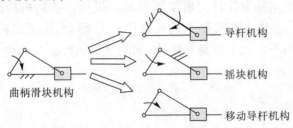

图 5-1-15 其他机构

1. 导杆机构

取曲柄滑块机构的原连架杆为机架得到导杆机构。导杆机构又可分为转动导杆机构和摆动导杆机构。当构件 BC 长于 AB 时，导杆可做 360°整周转动，此时为转动导杆机构。当构件 BC 短于 AB 时，导杆做小于 360°的往复摆动，此时为摆动导杆机构。如图 5-1-16 所示。

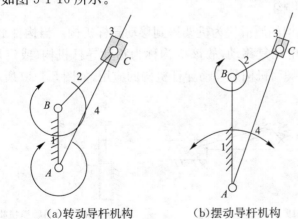

（a）转动导杆机构　　　　　（b）摆动导杆机构

图 5-1-16 其他机构

161

导杆机构的应用很广泛,如插床的转动导杆机构和牛头刨床的摆动导杆机构,如图 5-1-17 所示。

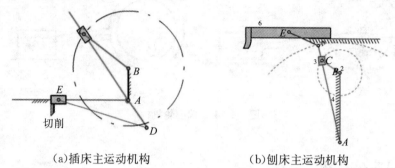

(a)插床主运动机构　　　　　　(b)刨床主运动机构

图 5-1-17　导杆机构的应用

2. 摇块机构

取曲柄滑块机构的原连杆为机架得到摇块机构。摇块机构的曲柄 1 为主动件绕点 B 转动时,滑块 3 绕机架上的铰链中心 C 摆动,故该机构称为摇块机构。摇块机构广泛应用于自卸卡车翻斗机构(如图 5-1-18)、摆动式内燃机和液压驱动装置内。

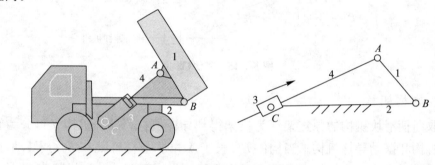

图 5-1-18　自卸卡车翻斗机构

3. 移动导杆机构

取曲柄滑块机构的原滑块为机架得到移动导杆机构。当构件 2 转动时,导杆 1 可在固定滑块 4 中往复移动,故该机构称为移动导杆机构(或定块机构),如图 5-1-19 所示。手摇唧筒机构是移动导杆机构的应用,如图 5-1-20 所示。

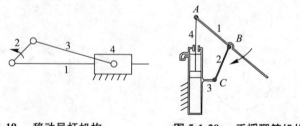

图 5-1-19　移动导杆机构　　　　**图 5-1-20　手摇唧筒机构**

四、铰链四杆机构的特性

(一)急回特性

在图 5-1-21 所示的曲柄摇杆机构中,设曲柄 AB 为主动件,摇杆 CD 为从动件。曲柄 AB 做等速转动,摇杆 CD 往复摆动。曲柄 AB 在回转一周的过程中,有两次与连杆 BC 共线,可得曲柄 AB 与连杆 BC 延伸与重叠的两个位置 AB_1C_1、B_2AC_2,这时摇杆的两个位置 C_1D 和 C_2D 称为极限位置,ψ 为摇杆的最大摆角。在摇杆处于两个极限位置时,主动曲柄对应的两个位置所夹的锐角 θ 称为极位夹角。

若曲柄以等角速度 ω 逆时针方向转动,当曲柄自 AB_1 位置转过 $\varphi_1 = 180° + \theta$ 到达 AB_2 时,摇杆则从右极限位置 C_1D 摆过 ψ 角到达左极限位置 C_2D,所需时间为 t_1,点 C 的平均速度为 v_1;当曲柄继续转过 $\varphi_2 = 180° - \theta$ 到达 AB_1 时,摇杆则从 C_2D 摆回 C_1D,所需时间为 t_2,点 C 的平均速度为 v_2。显然,$t_1 > t_2$,而 $v_2 > v_1$。机构工作件的返回行程速度大于工作行程速度的特性称为急回特性。

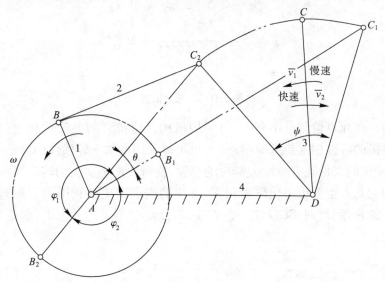

图 5-1-21　急回特性位置

为了表示工作件作往复运动时急回的程度,常用 v_2 与 v_1 的比值 K 来描述,称 K 为行程速度变化系数,即

$$K = \frac{v_2}{v_1} = \frac{\widehat{C_1C_2}/t_2}{\widehat{C_1C_2}/t_1} = \frac{t_1}{t_2} = \frac{\alpha_1}{\alpha_2} = \frac{180° + \theta}{180° - \theta} \qquad \text{(式 5-1-1)}$$

当给定行程速度变化系数 K 后,机构的夹角θ可由下式确定

$$\theta = 180° \cdot \frac{K-1}{K+1} \qquad \text{(式 5-1-2)}$$

163

由式 5-1-2 可知,只要 $\theta > 0$,总有 $K > 1$,说明机构具有急回特性,K 值越大,机构的急回作用就越显著。若 $\theta = 0$,总有 $K = 1$,机构就不具有急回特性。极位夹角是判断连杆机构是否具有急回特性的根据。

过 C 点作绝对速度 v_C,与 C 点受力方向 F 的夹角称为压力角 α。

在机械加工中,牛头刨床正是利用急回特性来减少刀具回程的时间从而提高工作效率的。

(二)死点位置

如图 5-1-22 所示的曲柄摇杆机构中,摇杆 CD 为主动件,曲柄 AB 为从动件,当连杆 BC 与曲柄 AB 处于共线位置时,主动件 CD 通过连杆作用于从动件 AB 上的力恰好通过其回转中心,此力对点 A 不产生力矩,不能使构件 AB 转动而出现"顶死"现象。此时,机构所处的位置称为死点位置,简称死点。

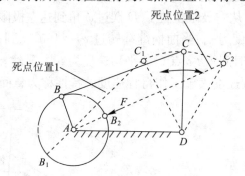

图 5-1-22　死点位置

机构存在死点位置是不利的,可采用机构错位排列的办法顺利通过死点,如四缸内燃机的各缸相互错开 90°排列。也可以采用增加飞轮惯性的办法顺利通过死点,如冲床的大带轮有意增大带轮的厚度,使带轮产生更大的转动惯性。

机构的死点位置也能化弊为利,如飞机的起落架正是利用这个原理制成的,如图 5-1-23 所示,此时 BCD 成一条直线,即使给予再大的冲击力,起落架也不能折合起来。

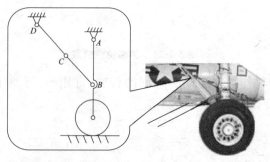

图 5-1-23　飞机起落架

知识拓展

本实验为创意组装实验。

一、实验目的

(1)观察铰链四杆机构的四个杆轮流作机架时的运动状态,验证铰链四杆机构的曲柄存在条件。

(2)验证曲柄摇杆机构的急回特性,出现最小传动角的位置以及死点位置的充分必要条件。

(3)培养思维和动手能力。

二、实验仪器和工具

(1)一根长约 200 mm,宽约 100 mm,厚 20 mm 的木条以及备好的支架(如图 5-1-24)。

图 5-1-24　支架

(2)划线工具、手锯、锤子、起子、卷尺、螺母、螺栓和砂纸等。

(3)手电钻或钻床等。

三、实验步骤

(一)加工实验所需杆件

1. 划线

按图 5-1-25 所示尺寸锯好木条并划好中心孔。

参考设计: 杆1:中心距 240 mm,杆长 260 mm; 杆2:中心距 220 mm,杆长 240 mm; 杆3:中心距 190 mm,杆长 210 mm; 杆4:中心距 130 mm,杆长 150 mm; 宽 20 mm,厚 8 mm	

图 5-1-25　参考设计

其最短杆长为（　　　）mm，最长杆长为（　　　）mm，其余两杆长度为（　　　）和（　　　）mm。

2. 钻孔

按照划线，钻直径为 4.2 mm 的螺栓孔，如图 5-1-26。

图 5-1-26　钻螺栓孔

3. 倒角、砂纸打磨

如图 5-1-27 所示。

图 5-1-27　倒角、砂纸打磨

4. 装配

用螺栓和螺母将四杆和支架进行连接，如图 5-1-28。

图 5-1-28　装配

（二）观察运动状态

选取不同的杆（也叫构件）作机架时，观察所组装的铰链四杆机构的运动，并思考机构的四个内角所对应的转动副，哪个是周转副？哪个是摆转副？

（三）验证曲柄存在条件

请同学们自己设计当最短杆与最长杆之和大于另外两杆之和的情况，其最短杆长为（　　）mm，最长杆长为（　　）mm，其余两杆长度为（　　）和（　　）mm。重复以上实验步骤：分别组装各杆，使长度等于自己设计的数据，组装成铰链四杆机构，观察其运动。看有没有曲柄存在？根据四个内角的变化，判断四个铰链哪个是周转副？哪个是摆转副？

课后练习

1. 何谓连杆机构？何谓铰链四杆机构？何谓曲柄、连杆和摇杆？

2. 铰链四杆机构有哪几种基本形式？它们各有何特点？试举几个应用实例。

3. 什么是机构的急回特性？在生产中怎么样利用这一特性？

4. 什么是机构的死点位置？克服死点位置有哪些方法？

5. 试根据图 5-1-29 中注明的尺寸判断各铰链四杆机构的类型。

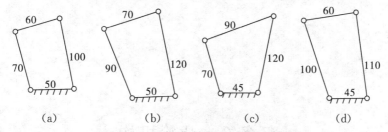

图 5-1-29　判断各铰链四杆机构的类型

6. 如图 5-1-30 所示为铰链四杆机构，已知各构件长度 $L_{AB}=55$ mm，$L_{BC}=40$ mm，$L_{CD}=50$ mm，$L_{AD}=25$ mm，哪一个构件固定可获得曲柄摇杆机构？哪一个构件固定可获得双曲柄机构？哪一个构件固定只能获得双摇杆机构？（说明理由）

7. 已知图 5-1-31 所示机构中，$L_{AB}=82$ mm，$L_{BC}=50$ mm，$L_{CD}=96$ mm，$L_{AD}=120$ mm 问：

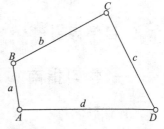

图 5-1-30　铰链四杆机构

（1）在此机构中，当取构件 AD 为机架时，是否存在曲柄？如果存在，指出是哪一构件？（必须根据计算结果说明理由）

（2）当分别取构件 AB、BC、CD 为机架时，将各得到什么机构？

167

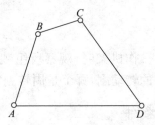

图 5-1-31　铰链四杆机构

8. 已知图 5-1-32 所示铰链四杆机构 $ABCD$ 中，$L_{AB}=50$ mm，$L_{CD}=35$ mm，$L_{AD}=30$ mm，取 AD 为机架。

(1)如果该机构能成为曲柄摇杆机构，且 AB 是曲柄，求 L_{AB} 的取值范围；

(2)如果该机构能成为双曲柄杆机构，求 L_{AB} 的取值范围；

(3)如果该机构能成为双摇杆机构，求 L_{AB} 的取值范围。

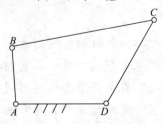

图 5-1-32　铰链四杆机构

任务 2　凸轮机构

⚙ **自学导引**

一、学习指南

1. 课题名称

凸轮机构。

2. 达成目标

(1)知识目标

①了解凸轮机构的组成及特点。

②掌握凸轮机构的分类。

③掌握凸轮机构的运动参数与工作过程。

④了解凸轮的材料与绘制。

（2）能力目标

培养观察分析、归纳总结、解决实际问题和自主学习的能力。

（3）情感目标

激发学习兴趣,体会机械就在身边,从而进一步培养其学习的兴趣。

3.学习方法建议

网页学习,自主学习,理论与实际相结合。

二、学习任务

1.任务介绍

通过概念题训练进一步理解凸轮的基本概念、组成和分类。设计思考性、理论联系实际的题目,进一步提高理论与实践相结合的能力以及分析问题、讨论问题和解决问题的能力。

2.第一梯度

①说出凸轮机构的组成部分。

②在凸轮机构中,凸轮是主动件还是从动件? 通常做_____和_____运动规律?

③在凸轮机构中,根据凸轮形状的不同,凸轮主要有哪三种类型? 从动件的形状主要有哪三种结构?

3.第二梯度

①在凸轮机构中,通过改变凸轮_____,使从动件实现设计要求的运动?

4.第三梯度

①举例说明凸轮的应用。

②在图 5-2-1 中找到生产线搬运机构中的凸轮机构,并为他们命名。

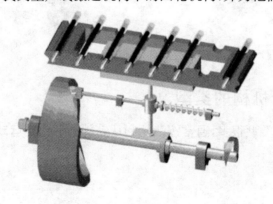

图 5-2-1　生产线搬运机构

三、困惑与建议

_____

_____

_____。

相关知识

将主动件的等速连续转动转换为从动件的时转时停的周期性运动的机构称为间歇运动机构。许多设备的执行工作部分都需要间歇运动机构,如自动化生产线中的包装、运输等。能实现间歇运动的机构类型有很多,如凸轮机构、棘轮机构和槽轮机构。

一、凸轮机构的组成及特点

凸轮机构是由凸轮、从动件和机架组成的高副机构。其作用是将凸轮的连续等速运动变为从动件的往复变速运动或间歇运动。凸轮机构结构简单,只要设计出适当的凸轮轮廓曲线,就可以使从动件实现任何预定的复杂运动规律。如图 5-2-2 所示的内燃机配气机构,凸轮的转动控制阀杆从动件的上下移动,实现进、出气的循环。

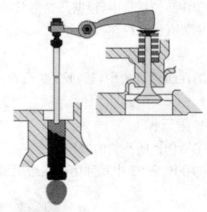

图 5-2-2　内燃机配气机构

二、凸轮机构的类型

凸轮机构的类型很多,通常按凸轮和从动件的形状及运动形式来分类。如表5-2-1 所示。

表 5-2-1 凸轮机构的类型

分类方法	类型	图例	特点
按凸轮形状分	盘形凸轮		盘形凸轮是凸轮的基本形式。盘形凸轮是一个绕固定轴转动且径向尺寸变化的盘形构件,其轮廓曲线位于外缘处。盘形凸轮的结构简单,应用最为广泛。但从动件的行程不能太大,多用于行程较短的场合
	移动凸轮		移动凸轮又称板状凸轮。移动凸轮的外形呈板状,可以相对于机架作往复直线运动。当凸轮移动时,推动从动件得到预定要求的运动
	圆柱凸轮		圆柱凸轮是一个具有曲线凹槽的圆柱形构件。多用于从动件行程较大的传动中
按从动件端部形状分	尖顶从动件		从动件为尖顶形状,与凸轮轮廓接触,结构简单、紧凑,但因为是点接触,易磨损,只适用于受力不大的低速场合
	滚子从动件		从动件顶端装有滚子,从动件与凸轮之间形成滚动接触,磨损小,可传递较大的力,应用最为广泛
	平底从动件		从动件顶端做成较大的平底,从动件与凸轮是平底接触,在接触处易形成油膜,润滑较好,磨损小,适用于高速场合

表 5-2-1 凸轮机构的类型

分类方法	类型	图例	特点
按从动件的运动形式分	移动从动件	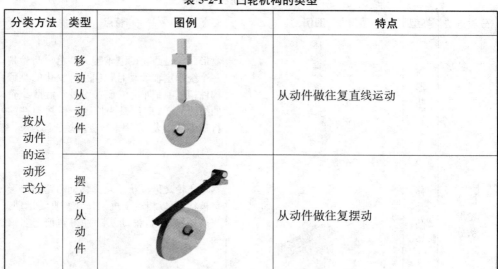	从动件做往复直线运动
	摆动从动件	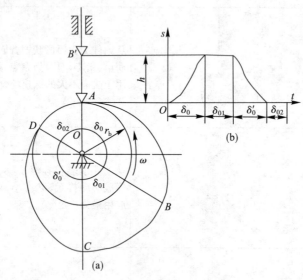	从动件做往复摆动

三、凸轮机构的运动参数与工作过程

在凸轮机构中,从动件的运动规律是由凸轮轮廓曲线来实现的。最常用的运动形式为凸轮做等速回转运动,从动件做往复移动。图 5-2-3 所示为尖顶直动从动件盘形凸轮机构运动参数。

图 5-2-3 凸轮机构运动参数

（1）基圆。以凸轮的回转中心 O 为圆心,以凸轮轮廓的最小径向尺寸为半径所作的圆称为基圆, r_b 为基圆半径。

（2）初始位置。从动件顶点与凸轮在 A 点接触, A 点为基圆与开始上升的凸轮轮廓曲线的交点,称为初始位置。

（3）推程及推程运动角。凸轮以等角速度 ω 逆时针转动,从动件以一定的运动规律由最低点位置 A 上升到最高点位置 B'，从动件在此过程中经过的距离 h 称为推程，对应的凸轮转角 δ_0 称为推程运动角。

（4）远休止角。凸轮继续转过 δ_{01}，凸轮轮廓 BC 与从动件接触，由于 BC 是以 O 为圆心的圆弧，故从动件停留在凸轮的最远处，δ_{01} 称为远休止角。

（5）回程及回程运动角。凸轮继续转过 δ'_0 时，从动件在弹簧或重力的作用下回到最低点 D，这个过程称为回程，相对应的凸轮转角 δ'_0 称为回程运动角。

（6）近休止角。凸轮再继续转过 δ_{02}，凸轮基圆轮廓 DA 与从动件接触，从动件停留在凸轮的最近处，对应的凸轮转角 δ_{02} 称为近休止角。

凸轮继续回转，从动件将重复上述的升—停—降—停的运动过程。一般推程是凸轮机构的工作行程，回程是空回行程，推程和回程在凸轮机构运动中是必须有的，而远休和近休则根据工作需要而定。

四、凸轮的材料与凸轮轮廓曲线的绘制

（一）凸轮的材料

凸轮和滚子的工作表面要求硬度高、耐磨损，对于受冲击载荷的凸轮机构还要求凸轮芯部有较大的韧性。常用的凸轮材料有 45 钢、40Cr 钢，为了提高表面的耐磨性，常作表面淬火处理；对于芯部韧性要求较高的凸轮选用低碳合金钢，经渗碳后淬火，以达到高硬度表面和较好韧性的要求。从动件材料一般选用 45 钢或优质碳素工具钢 T8、T10 等，作表面淬火处理。

（二）反转法绘制凸轮轮廓曲线

根据工作条件要求，选定了凸轮机构的类型、凸轮转向、凸轮的基圆半径和从动件的运动规律后，就可以进行凸轮轮廓曲线的设计了。

凸轮轮廓曲线的设计有图解法和解析法两种。图解法简便易行、直观，但精确度较低。不过只要细心作图，其图解的准确度是能够满足一般工程要求的，特别适用于低速或从动件运动规律要求不太严格的场合。解析法精确度较高，但设计计算工作量大，可利用计算机解决。本书仅讨论图解法设计对心移动尖顶从动件盘形凸轮轮廓曲线。

确定凸轮轮廓曲线的基本原理是反转法，如图 5-2-4 所示。反转法即给整个凸轮机构加上一个公共角速度 $-\omega$，此时凸轮将不动，从动件一方面随导路以角速度 $-\omega$ 绕轴 O 转动，另一方面又在导路中按预定规律做往复移动。由于从动件尖顶始终与凸轮轮廓相接触，显然在这种复合运动中，从动件尖顶的运动轨迹就是凸轮轮廓曲线。这种以凸轮为参考系，按相对运动原理设计凸轮轮廓曲线的方法称为反转法。

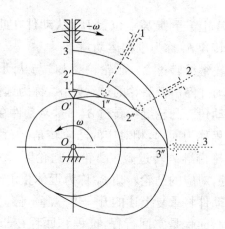

图 5-2-4　反转法求凸轮轮廓

例：　已知凸轮的基圆半径为 r_b，凸轮沿逆时针方向等速转动，从动件推杆的运动规律如图 5-2-5 所示，试用反转法画出其轮廓曲线。

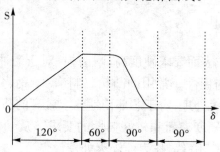

图 5-2-5　从动件运动规律

解：

表 5-2-1　反转法求凸轮轮廓

步骤		图示
第一步	以 r_b 为半径画基圆，确定推杆导路位置，导路与基圆交点 B 为从动件初始位置	
第二步	将位移线图的推程与回程运动角作若干等分	

步骤	图示
第三步	在基圆上,从 B 点开始,沿 $-\omega$ 方向,将基圆按位移线图的等分方式等分,从 O 点开始,过等分点作射线便为导路反转后的位置 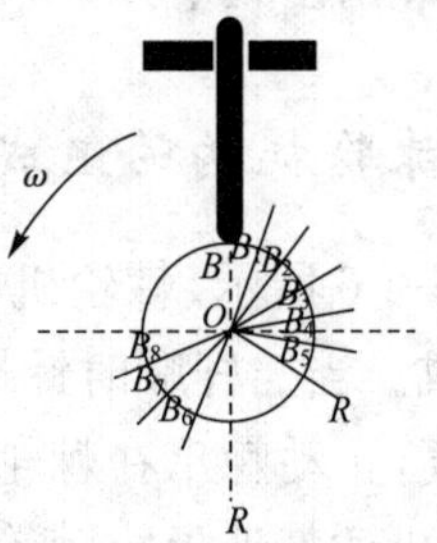
第四步	沿各射线,从基圆开始向外量取从动件的位移量,得到顶尖的反转位置 C_1,C_2…… 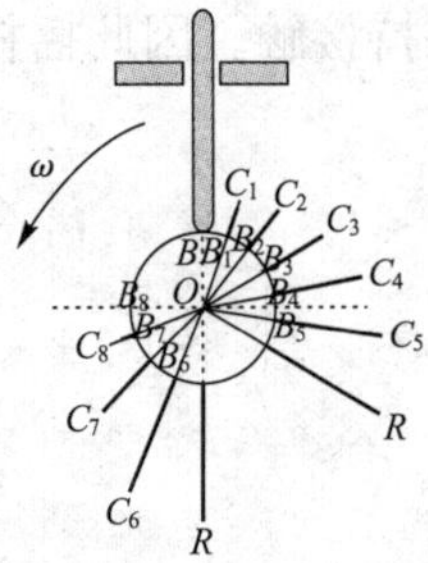 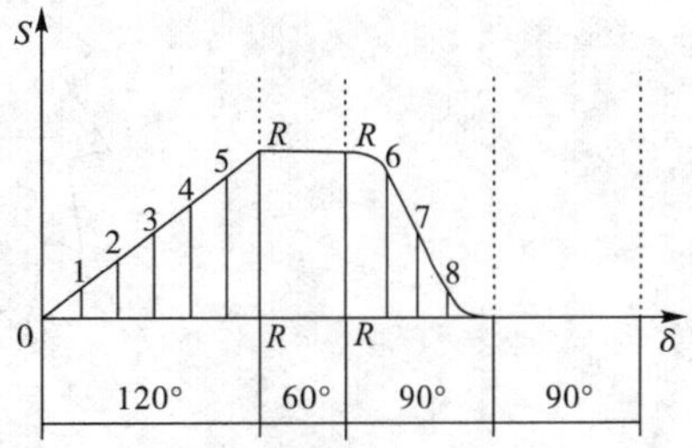
第五步	将 C_1,C_2……连接成光滑的曲线,便得到凸轮轮廓曲线 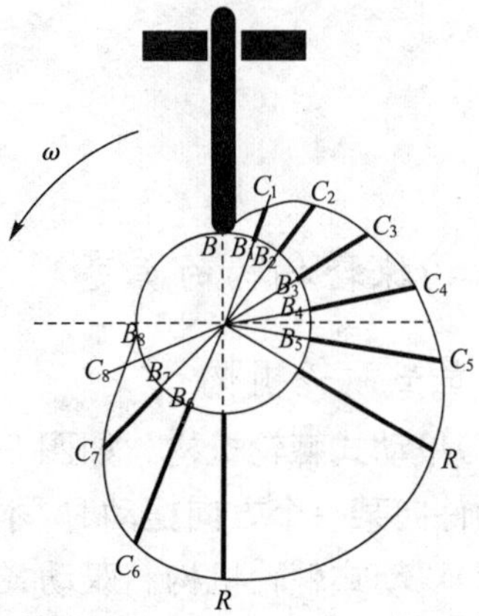

（图示栏内容为凸轮轮廓绘制示意图）

知识拓展

将主动轮的匀速转动转换为时转时停的周期性运动的机构,称为间歇运动机构。如牛头刨床工作台的横向进给运动,电影放映机的送片运动,印刷机的进纸机构,包装机的送进机构等都有间歇运动机构。

间歇运动机构类型很多,这里只介绍常用的棘轮机构和槽轮机构。

一、棘轮机构

(一)棘轮机构的组成和工作原理

如图 5-2-6 所示,棘轮机构由摇杆 1、棘爪 2、棘轮 3、止动棘爪 4、机架 5 和弹簧 6 等组成。当摇杆顺时针摆动时,驱动棘爪插入棘轮的齿槽中,推动棘轮转过一定的角度,止动棘爪在棘轮的齿背上划过;当摇杆逆时针摆动时,驱动棘爪在齿背上划过,止动棘爪阻止棘轮做逆时针转动,棘轮静止不动。弹簧用来使止动棘爪和棘轮保持接触。因此摇杆做连续的往复摆动时,棘轮将做单向间歇转动。

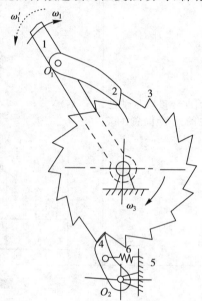

图 5-2-6　棘轮机构

(二)棘轮机构的类型

1. 齿式棘轮机构

(1)单动式棘轮机构。如图 5-2-6 所示,单动式棘轮机构只有一个驱动棘爪,当主动件向某一个方向摆动时,才能推动棘轮转动。

(2)双动式棘轮机构。双动式棘轮机构有两个驱动棘爪,当主动件做往复摆动时,两个棘爪都能先后使棘轮朝同一方向做间歇运动。棘爪的爪端形状可以是带钩头的,如图 5-2-7(a)所示,也可以是直的,如图 5-2-7(b)所示,这种机构使棘轮转速增加一倍。

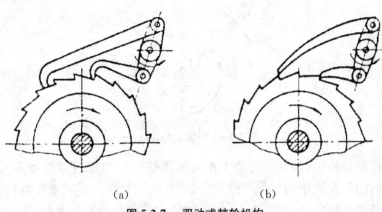

（a）　　　　　（b）

图 5-2-7　双动式棘轮机构

（3）双向式棘轮机构。如图 5-2-8（a）所示，矩形齿双向式棘轮机构中棘轮的齿制成矩形端面，而棘爪制成可翻转的，这样当棘爪处在中线左侧（即实线位置时），棘爪推动棘轮做逆时针方向间歇转动；当棘爪处在中线右侧（即虚线位置时），棘爪推动棘轮做顺时针方向转动，实现棘轮的不同方向间歇转动。图 5-2-8（b）所示为回转棘爪式双向棘轮机构。

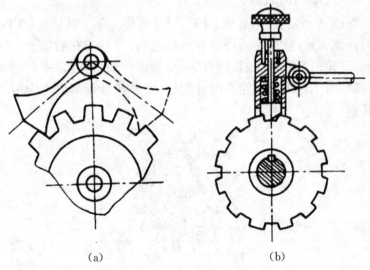

（a）　　　　　（b）

图 5-2-8　双向式棘轮机构

2.摩擦式棘轮机构

该机构是一种无棘齿的棘轮机构，它依靠摩擦力推动棘轮转动。如图 5-2-9 所示，棘轮 3 是通过与棘爪 2 之间的摩擦力来传递转动的。

177

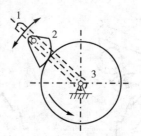

图 5-2-9　摩擦式棘轮机构

齿式棘轮机构中,棘轮的转角大小与棘爪往复一次推过的齿数有关,而摩擦式棘轮机构的转角大小的变化不受轮齿的限制。因此,摩擦式棘轮机构在一定范围内可任意调节转角,传动噪声小,但传递较大载荷时易产生滑动。

(三)棘轮机构的特点

棘轮机构具有结构简单、工作可靠、棘轮转角的大小可以调节、制造方便等优点。但传动时有噪音和冲击,棘轮轮齿容易磨损等缺点,所以常用于低速、轻载的场合。

1.自行车后轴的齿式棘轮机构

如图 5-2-10 所示,自行车后轴上的"飞轮"机构实际上就是一个内啮合棘轮机构。飞轮的外圆周是链轮,内圆周制有棘轮轮齿,棘爪安在后轴上。当链条驱动飞轮转动时,飞轮内侧的棘齿通过棘爪带动后轴转动;当链条停止运动或反向带动飞轮时,棘爪沿飞轮内侧棘轮的齿背划过,后轴在自行车惯性作用下与飞轮脱开而继续转动。

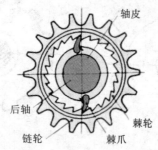

图 5-2-10　自行车后轴的齿式棘轮机构

2.牛头刨床的横向进给机构

如图 5-2-11 所示,刨床的横向进给运动是通过齿轮 2 带动齿轮 1 转动、连杆 3 使摇杆 4 带动棘爪做往复摆动,从而推动棘轮 5 作步进运动。刨床滑枕每往复运动一次(刨削一次),棘轮连同丝杆 6 转动一次,以实现工作台的横向进给。

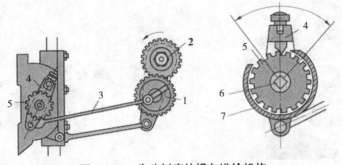

图 5-2-11　牛头刨床的横向进给机构

二、槽轮机构

(一)槽轮机构的组成与工作原理

　　槽轮机构如图 5-2-12 所示，由带圆柱销 A 的主动拨盘 1、具有径向槽的从动槽轮 2 和机架组成。拨盘做匀速转动时，驱动槽轮作时转、时停的单向间歇运动。即当圆柱销进入槽轮的径向槽后，拨动槽轮转动，如图 5-2-12(a)；当圆柱销离开槽轮的径向槽时，由于槽轮的内凹弧被拨盘的外凸圆弧卡住，故槽轮静止不动，如图 5-2-12(b)。直到圆柱销再一次进入槽轮的另一个径向槽时，又重复槽轮的转动和静止运动过程，这样槽轮机构就将拨盘的连续转动变为槽轮的间歇运动。

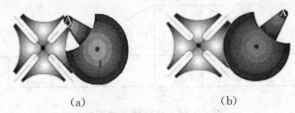

(a)　　　　　　　　　　　　(b)

图 5-2-12　槽轮机构工作原理

(二)槽轮机构的特点及应用

　　槽轮机构结构简单，工作可靠，机械效率高，在进入和脱离接触时运动比较平稳，能准确控制转动的角度。但槽轮的转角不可调节，故只能用于定转角的间歇运动机构中，如自动机床、电影机械、包装机械等。

　　如图 5-2-13 所示，槽轮机构在电影放映机中用于实现电影胶片间歇运动。根据人们的视觉暂留现象，电影胶片做间歇运动。当圆柱销拨动槽轮转动时，胶片移动一段距离；当圆柱销退出槽轮时，胶片静止不动，以使影片的画面有一段停留时间。

图 5-2-13　电影放映机的槽轮机构

课后练习

1.在凸轮机构的各种常用的推杆运动规律中，_____只宜用于低速的情况，_____宜用于中速,但不宜用于高速的情况;而_____可在高速下应用。

2.凸轮轮廓的形状是由_____决定的。

3.凸轮的基圆半径是从_____到_____的最短距离。

4.设盘状凸轮沿逆时针方向转动,尖顶从动件的运动规律如图 5-2-14 所示,试按反转法画出其轮廓曲线。(基圆半径为 10 mm)。

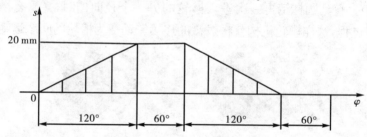

图 5-2-14　从动件运动规律

5.常见棘轮机构有哪些基本类型,各有何特点?

6.试述槽轮机构的工作原理及其应用。